島の未来へ

沖縄・名護からのたより

浦島悦子

インパクト出版会

第4章　ジュゴンとともに未来へ　189

カバー写真提供・チーム・ザン

第1章

あぁ、名護市長選！　極私的回顧

ああ、名護市長選！　極私的回顧

悲願は実らなかった

つらい、つらい選挙だった。

二〇〇六年一月二二日に投開票された名護市長選挙は、リーフを埋め立てる辺野古沖軍民共用空港計画を一九九九年末に受け入れた基地容認の岸本建男市政（二期八年）を引き継ぐ島袋吉和氏の当選に終わった。九七年に持ち上がった（普天間飛行場移設を名目とする）名護市東海岸への米軍基地建設問題に引き裂かれ、翻弄され続けてきたこの九年間の苦しみに、今度こそ終止符を打ちたいという私たち地域住民の悲願は実らなかった。

基地反対側から立った二人の候補者の合計得票数は、島袋氏に少し足りなかったが、過去最低の投票率（七四・九八％）は、分裂選挙に嫌気がさして棄権した人（その多くが反対の意思を持つ人だと思われる）の多さを示しており、勝つと予想される方に流れた票も勘案すれば、統一候補であれば勝てただろうと、残念でならない。

つらかったのはしかし、選挙に負けたからではない。……と言うと誤解されるかも知れない。負けた痛手はもちろん大きいが、敗北という結果にも増して、その結果を招いた原因と経過がいっそうつらかったという意味だ。

〇五年一〇月に日米両政府が勝手に「合意」した在日米軍再編と、それに伴う辺野古沿岸部への建設案（現地での阻止行動と、それを支える広汎な世論に阻まれてボーリング調査すらできなかった軍民共用空港案に代わるもの）に対する市民・県民の圧倒的な反対世論を無視できず、島袋氏も選挙中、そして選挙後も今のところ「沿岸案反対」を保っているが、政府が「修正案」を示せば話し合いに応じる（というより、示して欲しいと盛んにラブコールを送っている）姿勢だし、日本政府がカネと強権の両刀を使って強行してくるのは時間の問題だろう。選挙の敗北に落ち込んでいる暇もない私たちは、それぞれのやり方で運動を再出発させているけれど、選挙で生じた亀裂やしこりが運動内部に影を落としているのは否定できない。

それに蓋をし、忘れるのを待つ、という道もあるし、それがラクかなとも思う。しかし、基地反対側が（世論では勝っているにもかかわらず）負け続けてきたこの間の名護市長選挙を振り返ってみると、ここで蓋をすれば、同じ過ちを再び、三たび、繰り返すような気がするのだ。そうならないためにも、今回の選挙のきちんとした総括（それは、これまでの基地反対運動の総括にもつながるものだ）を、誰かに責任をなすりつけるのではなく、運動や選挙に関わった一人ひとりの真摯で開かれた議論を通じてやる必要があると、私は選挙後、機会あるごとに訴えてきたのだが、未だ、まったくではないにせよ、充分に、そして全体的にはなされていない。

個人としての私に全体的な総括などもちろんできはしないし、心が千々に乱れた今回の選挙について自分自身の整理さえできていないのだが、せめて、この選挙をめぐって私が体験したこと、感じたことを、他人様に迷惑をかけない（と思う）範囲で、ありのままに述べてみたい。私の考えたことや判断の当否は別にして、今後の運動のあり方や次回の市長選挙を考える際の何かの手がかりになればと思うからである。

名護市民投票から市長選へ

本題に入る前に、選挙というものへ私の基本的な姿勢と、私が知る限りの過去の名護市長選挙について簡単に触れておきたい。

私ははっきり言って選挙になじめない。満二〇歳になって選挙権を得たときは確かにうれしかったけれど、初めて投票に行って以降ずっと、代議制民主主義というものに違和感を抱き続けてきた。なぜなら、私は私であり、私を誰か（それがどんなにすばらしい、尊敬すべき人であったとしても）に託したり代弁してもらうことはできない、私もまた、誰か別の人を代弁することはできないと感じているからだ。言いたいことは自分で言い、やりたいことがあれば、志を同じくする人々と協働して努力する方が、ずっと実現可能性は高い。もちろん現実的には、市民運動でやれることは限られているし、直接民主主義が難しいほど規模の大きな共同体において代議制は次善の策だというのはわかる。権利としての選挙には必ず足を運んでもいるのだが、最近は特に、投票したいと思う候補者のいる選挙はほとんどなく（逆に、落としたい人は山ほどいるが）、消去法で最後に残った人に票を入れるしかない。一般的な選挙で私が選挙運動をしないのは、積極的に推したい人がいないからでもあるし、「誰に入れるかは人に言われるまでもなく自分で決めるものでしょ。私はこの人に入れるけど、あなたは自分で考えてね（私自身が人に強要されるのはイヤだから）」と思っているからでもある。

かつて奄美大島に住んでいた頃、選挙は恐怖でしかなかった。普段は仲のよいシマ人たちが、選挙になると、支持候補者の違いで真っ二つに分かれていがみ合い、道で会っても顔を背け、あいさつさえしなくなる。刃物沙汰や離婚さえ引き起こす恐ろしい選挙に、中立でいようと思っても許されない。旗幟を鮮明にしないと、どちらの側からも疑いの目で見られ、村八分にされてしまうからだ。もっとも、選挙という「祭り」が終わって二～三ヶ月もすれば、おおかたは、また元通りになるのが救いだったけれど。

そんなこんなで私の大嫌いな選挙（知り合いに「選挙ほどおもしろいものはない」と言う選挙

大好き人間もいるが、私には信じられないのだ）に、否応なく関わらざるを得なくなったのは、九七年の名護市民投票以降だ。

私はそのときまだ名護市民ではなく、名護に移設されるという普天間基地の近くで勤務する者の立場だったが、住民投票は誰かに何かを託すのではなく、基地建設という一つの課題の是非について市民一人ひとりの意思を示すものだから、何のためらいもなく積極的に関われた。しかし、名護市民が、政府の硬軟取り混ぜたすさまじいほどの介入や圧力をもはねのけて市民投票で示した基地反対の意思を、政府の圧力に屈した比嘉鉄也市長（当時）が踏みにじり、基地受け容れ表明と同時に辞任したため、出直し市長選挙が行われることになった。九八年のこの名護市長選挙は、当然にも市民投票の延長として、名護市民だけでなく、在沖米軍基地の縮小・撤去を願う県民の大きな関心を集め、多くの人々が関わった。私もその一人だった。

この選挙で、比嘉前市長の後継者である岸本建男氏が反対派候補の玉城義和氏を僅差で破って当選した。その敗因について私は当時、いくつかのメディアに書いたので繰り返さないが、外因はともかくとして、内因（運動内部の問題）に蓋をしてきたことが、今日まで尾を引いているように思う。

前述したように、当時、名護市民でなかった私が、名護の運動内部のことをあれこれ言うのはおこがましい限りだが、それを承知で敢えて言えば、名護市民投票へ向けた運動の過程で育ってきた市民・住民運動と、これまで反戦・反基地運動をリードしてきた革新政党・労組の運動が、市民投票のときには協働できたものの、選挙になるとうまくかみ合わなかったことを、外から関わる中でも感じたのだ。もっとぶっちゃけて言えば、政党・労組に「自分たちは選挙のプロだから、自分たちがリードし、経験の浅い市民運動はそれに従うべきだ」という意識があり、市民運動側が当然にも持つ不満や不信感にきちんと応えなかったため、せっかく育ちつつあった市民運動を選挙に生かし切れなかっただけでなく、市民運動の発展をも阻害してしまったのではないか。

基地反対候補の惨敗……〇二年市長選

そのことの反省がなされないまま次の名護市長選（〇二年）を迎える。九八年の市長選直後に縁あって名護市東海岸の住民となり、基地建設に反対する地域住民団体「ヘリ基地いらない二見以北10区の会」の一員として活動していた私は、生まれて初めて選挙運動のまっただ中に飛び込むことになった。相変わらず選挙は嫌いだが、自分の住む地域に襲いかかろうとしている基地問題が、誰が市長になるかによって左右されるとなれば、イヤでも関わらざるを得なかった。

九七年、市民投票を実現するために結成された名護市民投票推進協議会が発展・改称したヘリ基地反対協議会は、名護市への新基地建設に反対する市内の革新政党、労組、住民・市民団体によって構成される連絡組織で、私たち10区の会もその一員だ。〇二年の市長選を前に、反対協加盟団体を網羅する候補者選定委員会が作られ、各団体から推薦する人をあげることになった。10区の会が当初、推薦したのは、今回（〇六年）の市長選挙に立候補した名護市議の大城敬人《よしたみ》さんだった。大城さんは基地反対運動を積極的に進めるだけでなく、社会的弱者と言われる人々の立場に立って生活相談などにかけずり回っている行動派の政治家だ。

しかしながら、選考委員会で大城さんの名前を出したときの激しい反発に私はショックを受けた。反対協には共産党や、その関連のいくつかの市民団体などが加盟しているが、その人たちから矢のような非難が浴びせられたのだ。大城さんがかつて共産党員で、党を除名された経歴を持っていることは聞いていたが、そのいきさつは知らなかった。その後、共産党と大城さんの双方の言い分を聞いたが、それぞれが当然にも自らの正当性を主張し、部外者には判断できない。大城さんは共産党除名直後の市議選で、心配されたにもかかわらずトップ当選を果たしていることから、厚い支持層を持っていることがわかる。ただ、共産党にとって「不倶戴天の敵」にも等しいらしい大城さんを、共産党も入っている選考委員会で市長候補に選ぶことは不可能だと感じたので、私たちは検討し直すことにした。

10区の会がその次に推薦したのは、大城さんと二人で「自治の風」という会派を組んでいる名護市議の宮城康博さんだった。宮城さんは市民投票推進協およびヘリ基地反対協の初代代表で、当時、政党・労組に属さない市民運動の若手リーダーとして注目された。実は、九八年の市長選に際して、市民投票運動に関わった市民たちは、反対協の代表であり、若さと新鮮な感覚で新しい時代を切り開く可能性を秘めた宮城さんが、当然、市長候補になるものと思っていたところ、政治的経験がないという理由で政党や労組の支持が得られなかった（彼は、市長選と同時に行われた市議の補選に出て当選した）といういきさつがある。それが、政党・労組に対する市民運動側の不信感にもつながった。

〇二年の選挙では最終的に宮城さんが基地反対の統一市長候補となったが、はじめは支持団体は多くなかった。幾人かの名前があがったが、内外の状況の厳しさから勝利の見込みが薄いという判断もあったのか、打診して断られる状況が続いた。年明け二月の初めに予定されていた選挙に、年末ぎりぎりでやっと、私たち住民運動・市民運動側が推した宮城さんの擁立が決まったのだ。その間ずっと立候補の意思を示していた大城さんに対して、多くの人々が「今回は立候補を断念し、宮城候補に協力して欲しい」とお願いに行った。私もその一人であり、あのときの申し訳なさは今も忘れることができない。大城さんはみんなの願いに応えて立候補を断念し、宮城さんを候補者とする選挙運動に協力してくれた（この市長選後、「自治の風」は解散した)。

推薦した責任もあり、市民・住民運動の感性を選挙に活かしたいという思いもあって、私は年明けから投票まで、仕事も家庭も放り出して無給の選挙事務所専従者の一人となった。対立候補である現職(岸本氏)の背後に政府やゼネコンなどの巨大な権力があり、カネが動き、さまざまな圧力や誹謗中傷が飛び交うことは予想していたが、選挙運動の中で政党・労組の旧来のやり方と市民運動の感覚がずれて衝突したり、なにしろ初体験の選挙の「臨戦態勢」の中で出てくる露骨な人間性やどぎつい関係に深く傷つきもした。

電話や街頭宣伝に対する市民の反応はとてもよく、「この選挙、勝てるかも」と錯覚しそうなほどだったが、結果は一万票近くも差のついた惨敗だった。街頭での訴えに対する多くの市民の熱列な、あるいは温かいエールは、基地反対への共感だったのは間違いないが、それが必ずしも投票の基準にはならなかったのだ。名護市民の変わらない基地反対の意思を確認できたと同時に、選挙はそれだけではたたかえないことも実感した。

とにかく基地を造らせたくない一心だけで選挙に関わった私の感想は、「やはり選挙は怖いし、嫌いだ。基地問題さえなければ金輪際関わりたくない」だった。

ボーリング阻止と日米の沿岸案「合意」

前置きがずいぶん長くなってしまったが、今回の選挙に話を移そう。

九九年末に稲嶺沖縄県知事が辺野古沖を建設地として選定し、岸本名護市長がそれを受け容れた「軍民共用空港」計画が、建設のためのボーリング調査という具体的な動きを見せた〇四年四月から辺野古ではボーリング阻止のためのテント座り込みが始まった。名護のヘリ基地反対協と全県的な市民運動の連絡組織である平和市民連絡会がテント村の運営責任を担った。九月からは海上での阻止行動も始まり、業者の暴力や生命の危険、厳しい暑さや寒さ、悪天候などにさらされながら連日連夜の非暴力抵抗が続けられた。一日も早く、白紙撤回という形でたたかいが終わって欲しいと誰もが願っていた。前回選挙の教訓から、次の市長選挙の準備は早く始め、市民に浸透させておく必要があると思いつつ、目前のたたかいで手一杯で、選挙のことまで考えるゆとりは、少なくとも現場のたたかいを担っている人々にはなかった。

市長選まで一年を切ったころ、大城敬人さんが立候補の意思表明をしたことが地元紙に載った。七期二七年間、名護市議を務める大城さんは、テント座り込みに当初から参加し、テント村発行の「おはよう新聞」作成のため毎朝三時に起きて尽力し、海上行動にも出て、ともにたたかい続けている。そんな彼の立候補を、私も含め現場の行動に参加しているほとんどの人が違和感なく受け止めたと思う。共産党がまた反対しないかな、という不安が私をかすめたが、現場のたたかいにおいては、大城さんと共産党の人たちは仲良く（と見えた）協力し合っていたし（辺野古テント村のすばらしいところは、辺野古に基地を造らせたくないと思う人であれば、それ以外でどんなに主義主張が違ってもいっしょにやれることだ。余所ではケンカばかりしている革マル派と中核派のメンバーが、隣り合って座り込みしているのは、なかなか素敵な眺めだった）、苦楽を共にしたたたかいが矛盾を乗り越えさせ、今回はうまく話がつくかも知れない、大城さんでまとまればいいな、と思った。

その後しばらくして、大城さんが「根回しもせず、いきなり新聞に出した」ことへの不満の声を耳にしたが、私はそのとき、根回しすれば共産党は反対せざるをえないだろうから、先に表明することによって市民に浸透させ、共産党も認めざるをえなくするための大城さんの作戦だろう、と理解した。

しかしその後、テント村では箝口令《かんこうれい》でも敷かれたように、選挙の話は影を潜めた。名護市長選挙は、私たちが連日、直接わたりあい悪戦苦闘している基地問題を左右する一大関心事であり、日程的にも刻々と近付いてくるにもかかわらず、選挙の話はタブーであるかのような異様な雰囲気が漂っていた。テント村をはじめ現場には共産党関係の人々も多く関わっているので、やはり大城さんと共産党との確執が影響しているのだろうと感じた。

九月二日、大型台風接近を理由に海上のボーリング用やぐらがすべて撤去され、実質的な「軍民共用空港」計画断念かと喜んだのも束の間、一〇月末には在日米軍再編計画の内容がほぼ明らかになり、日米両政府が従来の辺野古沖案に代わる新たな計画として、大浦湾を大規模に埋め立てる辺野古沿岸案で「合意」したことが発表された。海を破壊し、爆音が集落を直撃し、大浦湾の軍港化も想定される沿岸案は、従来案よりさらに自然環境と地域住民の暮らしに負担を強いるのは一目瞭然だった。とりわけ、従来案では「地元」ではなく「周辺地域」としてしか扱われず（従来案であっても、騒音被害は「地元」以上になると予想されたにもかかわらず）、「地元説明会」からも排除されていた私たちの地域＝二見以北一〇区は、いよいよ文字通りの「（予定地に最も近い）地元」になってしまったのだ。

大浦湾沿いに立つ看板

不足していた自由な議論の場

辺野古のテント座り込みは九月二日以降も続いてい

た（〇六年明けに場所を漁港隣の海岸から命を守る会事務所前に移した）。那覇防衛施設局が、台風通過後にやぐらを再設置すると発表していたからだ。再度の海上攻防に備えたカヌー練習や座り込みの中で、再設置への不安やさまざまに流れてくる日米協議の情報に気をもみながら、テント村に集う人々は、間近に迫った名護市長選の行方を密かに案じていた。現場のたたかいを担い、ようやくボーリングを断念させた人々にとって、今回の名護市長選は、この苦しいたたかいに決着をつけられるかどうかがかかっており、今後の沖縄の基地問題にも大きな影響を与えると考えられたから、名護市民はもちろん、そうでなくても無関心ではいられなかったのだ。

名護の革新政党と労組から成る六者協議会（社民党・社大党・共産党・名護市職労・自治労北部総支部・北部地区労）が候補者選定に動いているという記事が地元紙に掲載され、幾人かの名前があがったり消えたりしていたが、ずっと以前から立候補の意思表明をしている大城さんの名前はそこにはなかった。大城さんは変わらず現場に姿を見せていたものの、彼の口からも選挙の話は出なかった。私は、みんなが気にしているのだから、テント村でもっとフランクに選挙の話をしたほうがいいと思っていたが、反対協は運動に政治を持ち込むべきでないという方針で、大城さんもそれを尊重していたのだと思う。

そうこうしているうちに、九月下旬頃だったか「六者協が保守系名護市議の我喜屋《がきや》宗弘《むねひろ》さん擁立へ」の新聞記事が出た。テント村は騒然となった。辺野古の基地問題を左右する名護市長選について、現場のたたかいを担っている人々には何の情報ももたらされず、意見を聞かれたこともなく、現場にはほとんど顔を見せたことのない政党・労組の幹部が候補者を選定することへの不信感（沖縄県と県民を蚊帳の外に置き、勝手に米国と「合意」した日本政府のやり方と同じだという批判を、少なからぬ人が口にした）、現場を共に担い、苦労を分かち合ってきた仲間の一人である大城さんが意思表明しているにもかかわらず無視されているという怒りが、かつて基地容認派であり、テント村の人々にはほとんど面識のない「我喜屋さん擁立」で噴出したのだ。

不安が現実になったと思ったが、みんなの怒りは当然でもあった。現場でこそ自由で開かれた論議が行われてしかるべきなのに、なぜできないのか？「是非やりましょう」と、私はことあるごとに呼びかけた。大城さんと共産党との関係が複雑であるにせよ、基地を造らせないという共通の目的のために乗り越えられないほどのものなのか？私がいちばん恐れたのは、互いの不信感によって、これまで培ってきた共同の力が分裂し、バラバラになり、運動が先細りになってしまわないかということだった。反対派の市長が誕生しても、日米政府が強権を持って襲いかかってくることに変わりはないだろう。行政だけでこれを止めることは難しく、やはり運動を続けていかなくてはならないのだから。

一〇月初め、反対協の幹事会（加盟団体の代表の定例会）で幹事の一人から、議題にはなかった名護市長選について話し合いたいという提案が行われた。反対協は今回の市長選について、自分たちは運動体であり、政治（選挙）には直接関わらないという態度を貫いていた。しかし、前回の市長選には反対協としてではないにせよ、同じメンバーが選考委員会を作って関わったのだし、運動に直接関係のある選挙について議論もしないというのはおかしいのではないかという彼の提案に私も賛成した。不信感を払拭し、みんなの気持ちを一つにするためにも開かれた議論の場を設けて欲しいと、私は提起した。

その場で、反対協の事務局長であり、六者協の一員である北部地区労の事務局長でもあるNさんが、六者協での選考の経過について簡単に説明したが、やはり六者協から正式に説明を受けて論議しようということになり、日程調整を事務局にお願いして、その日は散会した。

「ゼネコン支配から脱したい」

六者協が推す「我喜屋さんってどんな人？」と、テント村の内外で聞かれることがよくあった。名護市議を六期務めているが、かつて岸本市長と共に「辺野古沖軍民共用空港」を受け容れた保守系市議団の一人である彼とは、反対派はこれまでほとんどおつき合いがなかったから、知らないのは当たり前だ。私はライターという仕事柄、取材を通じてある程度知っていることを、聞かれるたびに話した。

我喜屋さんは岸本市政第一期、名護市議会の保守系二会派のうち、市長べったりの「新風21」ではなく、批判すべきはきちんと批判する「和（なごみ）の会」の代表であったこと。「和の会」は、日本政府による地元の頭越しの一方的な基地押しつけに対して、野党とともに議会で抵抗しようとしたため、岸本市長の背後で院政を敷いていると言われた（島袋新市長についても同様らしい）比嘉鉄也前市長や、それとつながるゼネコン、日本政府中枢からものすごい圧力を受け、とうとう会派を潰されてしまったこと。「保守の中では良心派だし、私の感じでは人間的にも誠実そうな人だよ」と言うと、我喜屋支持と思われて、にらまれることもあったけれど。

その後、名護市民投票のときには基地建設賛成に票を入れたけれど、今回は我喜屋さんを支持し、「彼にはきっちりと反対を言ってほしい」という人と話す機会があった。彼は、基地の見返りの北部振興策が地元を潤さず、中小・零細企業がどんどん潰れていったこと、基地建設をはじめとする巨大公共事業は、ゼネコンに利益が吸い取られるだけで地元には何のメリットもないとわかってきたこと、賛成・反対で地域が引き裂かれたしこりは今も残っていることを話し、「ゼネコン支配、比嘉鉄也支配から脱したいと思っている業者は多い。そうしないと名護の未来はない。その人たちが今回は我喜屋さんを推している」と語った。

「いっしょに名護の未来を作って欲しい」と我喜屋さん支持を訴えられ、私の心は揺れた。彼の言っていることはよくわかったし、彼や彼と志を同じくする人たちは手を取り合える、取り合うべき人たちだと感じたからだ。

日本政府が押しつけようとしている沿岸案には県民・市民の大多数が反対しており、保守層や賛成派だった人たちの中にも流動化が起きている。過去二回、負けてきた市長選挙に今度こそ勝てる客観的条件があると思われた。しかし、そのためには基地に反対する側がまとまらなければならない。はっきりと意思表示している大城さんをないがしろにせず、ボタンの掛け違えがあったのなら、いったん外して、再度掛け直すべきだ。

ヘリ基地いらない二見以北10区の会の会合を久しぶりに開くことにした。当初、各区の区長を先頭に地域ぐるみで活動していた10区の会は、市民投票の結果を踏みにじって市長が基地を受け入れ、自分たちの手の届かないところで基地建設に向けた動きが進んでいく中で、家族や隣近所がいがみ合うことへの疲れ、どんなに声をあげても無視される絶望感・無力感、政府の札束攻勢などから会への参加者が減り、前回の市長選敗北のあと、ここ三年ほど休会を余儀なくされていた。日米合意＝沿岸案発表以降、「いよいよ地元になってしまったし、もう眠っている場合じゃないよね」と、休会前の世話人どうしで語り合ってはいたのだが、再開するまでには至っていなかった。しかし、今回の選挙にはどうしても勝ちたい、勝って沿岸案を葬りたいし、何より九年間も苦しんできた基地問題をもう終わりにしたい、というのが私たちの切なる思いだった。そのためにはどうしても、基地反対の候補者を統一してもらわなければならない。もし分裂して二人が立てば、負けるのはハナからわかっている。そんなことになれば、この先またずっと苦しい思いをすることになる。もうたたかいたくないよ……。

「ずっと基地反対でがんばってきた大城さんで一本化したい」「大城さんでは票を取れそうにないから、勝てる見込みのある我喜屋さんで一本化すべきだ」「どっちでもいいから、とにかく一本化して欲しい」……

話し合ってみると、それぞれの意見は違ったが、「一本化」したい、しなければならないという点では一致していた。候補者一本化を求める行動を起こそう。テント村に集う人々もみんな一本化を望んでいる。その総意としてテント村で記者会見して発信すれば、基地に反対する多くの名護市民の共感を得て大きな世論になるのではないか……。

しかしながら、テント村での記者会見は叶わなかった。運動の拠点であるテント村に選挙を持ち込むことに、反対協から「待った」がかかったのだ。特定の人を支持しようというのではない、一本化は誰もが望んでいるのになぜやってはいけないのか、納得できない思いが残ったが、テント村に不協和音や混乱を持ち込むのは不本意なので、あきらめ、沿岸案の地元である一〇区の声として訴えることにした。

「候補者一本化」を求めて動き出す

一〇月半ば、六者協による反対協加盟団体への説明会が行われた。その日、私は所用で参加できなかったので、出席する10区の会メンバー二人に、六者協宛ての次のような文書を託した。

六者協のみなさま

基地反対市長候補の一本化を求める訴え

名護市長選まで三ヶ月余に迫りました。普天間返還・名護市への移設問題の行方を左右する山場と言われる今回の選挙に、新基地反対の立場から複数の立候補予定者の名前があがっていることを、私たちはたいへん憂慮しています。

私たち名護市民は、八年前の市民投票で、名護市への新たな基地建設にはっきりと「ノー」の意思表示をしました。その後、比嘉・前市長の市民への裏切り、地域住民・市民・県民の声を踏みにじる政府の基地推進政策によって地域や人心をズタズタにされながらも、あきらめず地道な運動を続け、昨年四月からの辺野古座り込み、九月からの海上行動と、それを包み込んで全県・全国・世界に広がる世論が、現行計画の断念を日米両政府に迫るまでになりました。

この九年間、自分の命と引き替えてでも海と子や孫たちの未来を守りたいと、一貫して反対運動の先頭に立ち続けてきた辺野古のおじぃ、おばぁたちをはじめ翻弄され続けてきた地域住民・市民は、もうこれ以上こんな状態に耐えられない、白紙撤回という決着をつけてほしいというぎりぎりの願いを、今回の選挙に託しています。

出馬の意向を示していると言われる現市長は、名護市への基地建設を受け入れる発言をして市民の怒りを買っていますが、何がなんでも沖縄に、名護に基地を押しつけたい日本政府は総力を挙げて現市長を支える姿勢を示しており、今回の名護市長選挙が、政府と、平和な暮らしを求める名護市民との真っ向からのたたかいになることは確実です。

そんな中で、基地に反対する候補が複数になれば、力が分散され、また、これまで一緒に運動をやってきた住民・市民の中に亀裂が生じることは避けられません。基地反対の気持ちを持つ有権者の選挙離れ、投票率の低下も懸念されます。複数候補では、私たちは選挙にかかわりたくてもかかわれません。

名護市の未来、子どもたちの未来の明暗を分ける、どうしても負けられない選挙であればこそ、何としても候補者を一本化して欲しい。それが私たちの悲願です。どうか、いま一度立ち止まり、統一候補を立てる道を探ってくださるよう、さらなる話し合いと調整を切に、切に、お願い申し上げます。

ヘリ基地いらない二見以北10区の会

翌日、説明会の様子を、出席したTさんに聞いたところ、「とにかく、（我喜屋さんに）決めたから従え、みたいな感じだった」と怒っている。意見や批判を述べた人は、「説明してほしいと言うからやったのに、文句を言われる筋合いはない」と、逆に怒られたという。これでは、せっかく渡した「訴え」もまともに受け止めてくれそうもないなと、がっかりした。

「前回選挙では反対協加盟団体を網羅した選考委員会を作ったのに、今回はなぜ市民団体を外したのか」という質問に対しては、「市民団体を入れて間口を広げすぎたため、議論がなかなかまとまらずに候補者決定が遅れ、運動期間が短くなったので負けた、というのが前回選挙の総括だ」と答えたと聞いて、ますますがっくり。そんな「総括」もできるんだと、ヘンな感心をしつつ、あー絶望的……。

名護市議会議員三〇人中、我喜屋さんを推している一二人の市議団（本人を含む。大城さんは本人だけで支持議員はいない）に対しても、同様の訴えをしようと、知り合いの議員を通じて打診してみたが、「大城さんと我喜屋さんは立場が違うので一本化などできない」と、にべもなく言われて、くじけてしまった。あとで考えれば、それが必ずしも市議団全体の考え方ではなかったかもしれないのだが。

岸本市長不出馬と後継者決定

一〇月一七日、岸本市長が健康上の理由で次の選挙に出馬しないことを決めたというニュースが地元紙に載り、まもなく、その後継者として市議の島袋吉和氏の名前があがった。岸本氏には現職の強みがあるが、島袋氏は同じ市議だし、特別な功績があるわけでもないから、選挙は反対派に有利になったかに見えた。しかし、あとで思うことだが、それは比嘉鉄也～岸本建男～島袋吉和を支える、私たち一般市民には見えない利権の構造を甘く見ていた。基地建設や、その見返りの「振興策」に群がる勢力にとって、「顔」は誰でもよかったのだ。むしろ、自分の意見を持たず、言いなりに動いてくれる島袋氏は適任だったのかも知れない。

島袋陣営は候補者を極力表に出さず、討論会や演説はできるだけ避け、支持議員たちの根回しで小さな懇談会を市内くまなく持つというやり方で、浸透を図った。懇談会には必ず比嘉氏や岸本氏が加わり、候補者本人ではなく、彼らが熱弁を振るったという。島袋氏は出馬に出遅れたにもかかわらず、運動では先行していると言われた。

一方、基地反対候補の一本化は難航していた。我喜屋さんを推した六者協に、はっきり言って「組織の傲り」があったのは否定できない。というより、組織が魅力や求心力を失った現状に対する自己認識が欠如していた（いる）と言うべきか。大城さんが立候補表明をしたのは単なるパフォーマンスに過ぎず、組織の支持も同僚議員の支持もない彼はそのうち上げた手を降ろすだろう、という見方をしている人々がいたのは事実だ。しかし、前回と異なり、大城さんの意思は強固だった。それをようやく認識した反基地運動のリーダーや沖縄選出の国会議員など、さまざまな人たちが「一本化」に向けて動きだしたが、その多くが「大城さんに降りて欲しいとお願いする」形であったため、大城陣営の納得は得られなかった。

一一月二三日、辺野古で「新基地建設反対・国の横暴を許さない市民集会」が行われた。当初、辺野古浜での開催予定だったが、雨天のため急きょ、場所を座り込みテントに移して行われた集会に、大城さんも我喜屋さんも参加したが、運動に政治（選挙）を持ち込まないという原則を二人とも守って静かに座っていた。ところが、共産党の代表が挨拶の中で我喜屋さん支持を呼びかける発言をしたため、ルール違反だと参加者から激しいブーイングを浴びた。辺野古のおじぃ、おばぁをはじめテント座り込みや海上行動に参加した人々は（私も含め）みな、大城さんに親しみと敬意を抱いていたから、なおさらだった。

私は、なんとか一本化して欲しいと強く願いつつ、しかしそれが今は「大城降ろし」にしかなっていないことに苛立っていた。ボタンを掛け違えたのだから、それをいったんはずして掛け直すべきなのに、掛け違えのまま強引に、はみ出した裾を切ろうとするようなやり方がうまくいくはずがないと思った。なぜ、初心に戻って平場で話し合うことができないのだろう。組織の面子なのか。そんなものにこだわっている場合ではないのに……。

大城さんは出身集落である幸喜《こうき》での事務所開きに続いて、名護市街地に本部事務所を開いた。私は心情的には大城さんを支持しつつ、旗幟を鮮明にするのにはためらいがあって事務所開きには参加しなかった。すでに座り込みテントの中にはぎくしゃくした雰囲気が流れ始めていた。テントには選挙を持ち込まないという建て前はあっても、人の心はどうしても表に出てしまう。組織に属する人々も個人参加者も、いっしょに運動してきたのに、選挙で誰を支持するかをめぐって溝ができるのはつらいというだけでなく、今後の運動を考えると不安でもあった。私はテントの中でも、その不安と、そうならないようにしようと、繰り返し訴えた。それは私だけではない共通の気持ちだったと思う。

六者協に市民の声を届ける

座り込みや海上行動を共にやってきた仲間たちが大城さんの選挙事務所に出入りし、選挙を手伝い始めていた。何度か誘われ、私自身も大城さんを激励したい思いがあったので、一度、事務所を訪ねてみることにした。一一月末頃だったと思う。

まだ人は多くなかったが、辺野古の阻止行動をいっしょにやってきた顔見知りの人たちや、大城さんが寝る間も惜しんで行っている生活相談でお世話になったという人たちが集う事務所の雰囲気はアットホームで、これまでの選挙で違和感を覚えた組織中心の事務所の雰囲気とはまったくちがっていた。こういう市民手作りの選挙運動が大きく広がっていけば名護市は変わるかも知れないと思った。

その翌日、六者協の一員である社大党（沖縄社会大衆党）の人々が大城さんの事務所に「一本化」の話をしに来るので参加しないかと誘われた。それ以前に、共産党の人たちが来るというときも誘われたのだが、共産党と大城さんの確執は聞いても仕方がないと思ったので参加しなかった。しかし、社大党なら参加してみよう。沖縄の土着政党である社大党は、昔のような勢いはないけれど、組織嫌いの私が、政党の中ではいちばん柔軟で、話が通じると感じている党だ。六者協に対して、これまで訴えたくても機会がなかったことを訴えよう。社大党ならわかってくれるかもしれない……。

翌日の話し合いは、大城さん、および支持者たち一〇人ほどが事務所の机を挟んで社大党の参加者たちと相対する形で行われた。私は選挙における明確な支持者として出席することにはためらいがあったが、もちろん社大党ではないし、発言もしたかったので、大城さんの後ろの椅子に座った。

社大党側から予想通り「大城さんには大局的に判断して、（反対派が）選挙に勝利するために降りて欲しい」というお願いがあり、それに対し、大城さんがこれまでの経過を詳しく述べて「もう（降りるには）遅すぎる」と反論した。私は、大城さんが降りた前回選挙以降の経過を初めて聞きながら、六者協が候補者人選を一任したという県議会議員の玉城義和氏に不当な扱いを受けたと彼が感じていること、玉城氏や六者協のやり方への不信感はもっともだと思った。大城さんを支持する同期生会の会長も「幸喜の事務所を開いたあとも話し合いの門戸を開いていたのに、誰も来なかった。本部事務所を開いてからでは後戻りできない」と言った。

私は手をあげて「一市民として言わせて欲しい」と発言を求めた。市民の率直な疑問は「なんでこう（分裂状態）なったの？」であり、六者協にはその疑問に答える義務がある。市民の中には、このままでは選挙に関わりたくない、関われない、投票もしたくないという不信感が蔓延している。それを払拭するためにも、かなり押し迫ってはいるが、今からでもいいから、開かれた率直な議論の場を設けて欲しい。社大党から、それを六者協の場で提案して欲しい。このままでは選挙だけでなく、今後の運動にも禍根を残しかねない。今は政党・労組に属さない人のほうが多いのだから、ぜひ市民の声を聞いて欲しい。……　そんなことを私は切々と訴えたように記憶している。

その後、大城さんや支持者たちから、「基地に賛成していたのに、にわかに反対を言いだした」我喜屋さんに対する不信感や、「一本化を言うなら、基地反対をずっと貫いている大城で一本化すべきだ」「大城こそが勝てる候補者だ」という強い意見が出たが、社大党側はあくまでも「降りて欲しい」と主張するので、結局は平行線のまま終わった。

その数日後に行われた大城さんの辺野古事務所開きには私も参加した。九年前から一貫して、基地を造らせないためにがんばってきたおじぃ、おばぁたちをはじめ、懐かしい顔ぶれも含めて辺野古の人たちが集まった。彼らの大城さんへの深い信頼、選挙にかける期待と希望、また、社会の底辺や弱い立場に置かれた人々に対する温かい思いのこもった大城さんの話に、私は感動した。

公開討論会の呼びかけと断念

「一本化」の見通しがつかない中で、私たち10区の会では何かできることがないかと暗中模索していた。「お互いの不信感は相当強いみたいだし、一本化はもう無理じゃないか。このまま分裂選挙になるのかなぁ」と、ため息が漏れる。「でも、最後まで努力しよう」どっちみち、もし二人が立つことになったら、どちらを支持するか各人が選ばなくてはならない。その判断のためにも情報が必要だ。私たちは会として、立候補予定者の公開討論会を行う計画を立てた。三陣営すべてに呼びかけるが、島袋陣営は断るかもしれない。島袋氏が公の場でしゃべる姿は見たことがなかった。マスコミ主催の公開討論会も断ったと聞くし、彼をそういう場に出さないようにしているようだ。もし、大城さんと我喜屋さんの二人になったら、それぞれの主張をじっくり聞いて、判断できるし、可能なら、そこで直接、一本化のお願いをして、当人同士で話し合ってもらうことはできないだろうか……。

10区の会主催の公開討論会への出席お願いの文書を持って、私たちは三つの選挙事務所を回った。島袋事務所では即座に「日程がふさがっているので無理だ」と言われたが、「そちらを最優先して日程調整するので、検討して欲しい」と頼んだ。我喜屋事務所は担当者がいなかったので預けた。大城事務所の責任者は「是非やりましょう。しかし、他の候補者が受けるかな?」と言った。

その夜、我喜屋事務所の担当者から私に電話があった。「あなたは先日、社大党のみなさんが大城事務所に行ったとき、そこにいたのか?」と聞くので「いましたよ」と答えた。すると、「特定候補者の支持者である」私が10区の会の連絡先になっている（しばらく休会していたので事務所がなく、とりあえず連絡のつきやすい私の電話番号を文書に載せた）ので、10区の会の中立性が疑わしいというのだ。唖然とした。あのとき大城事務所にいたのは社大党に市民の声を届けたい一心からだったが、仮に私が大城さん支持者であったとしても、それは個人の自由だし、とがめられる筋合いはない。まして10区の会は地域住民団体であり、いろんな考えの人がいることは、以前からつきあいのある彼もわかっているはずなのに、なぜこんなことを言うのかわからなかった。彼によれば、我喜屋さんを誹謗中傷する「読むに耐えない」文書が大城陣営から出されているという。「それはあなた方が書いているのか」と言われて、私はとうとうプッツンした。

私は、なかなかカネにはならないとしても「ライター」を自称している人間だ。自分の書く文章には自負と責任を持っている。他人がどう思うかは別にして、文章を書くときは常に誠心誠意を込めているつもりだ。それなのに「読むに耐えない」ような文書を書いたと疑われた悔しさで、私はその夜、なかなか眠れなかった。自分の存在を否定され、卑しめられた気分だった。

翌日、10区の会のHさんにこのことをこぼした。彼は大城さんとのつきあいも深く、尊敬し、頼りにもしているが、こと選挙に関しては、どうしても勝たなければならない、勝てる候補でなくてはならないと考え、我喜屋さんを推していた。大城さんに「降りて欲しい」とお願いに行ったこともある。「自分は○○さんに、(我喜屋を支持しているのは)カネを掴まされたのか、と言われた。海上でいっしょに苦労してきた仲間に、なんでこんなことを言われなくちゃいけないんだ」と、彼は嘆いた。「たとえ支持する人が違ったとしても、10区の会はみんな仲良くしようね」と私たちは慰め合った。たかが選挙で、なぜこんなにいがみ合うのか、理解できなかった。

島袋事務所にはしつこく電話をかけたが、結局、出席を断られた。文書を持っていった数日後、我喜屋事務所からファクスが届いた。趣旨には賛同するので、次の条件で参加したい、とあり、その条件とは、①必ず三人が出席すること、②10区の会の中立性を証明すること、というのだ。私たちは言うべき言葉を持たなかった（誤解のないように断っておくと、これが我喜屋事務所全体の姿勢であったとは、私たちは思っていない）。承諾してくれた大城さんには申し訳なかったが、一人では討論会にならないので、公開討論会は断念せざるを得なかった。

泥沼を這いずる日々

我喜屋陣営と大城陣営の溝は埋まらないまま、時間は容赦なく流れた。分裂選挙は避けられないと誰もが観念し始めた。最後まで一本化への望みは捨てないにしても、それができなければどちらかを選ぶしかない。そのときは、いっしょにやってきた大城さんしかないだろうと、私は思った。

分裂状態に気は重いが、少しは選挙の手伝いもしなければ、と考えて大城事務所に出入りし始めていた私の足を遠ざけるようになったのは、次第に我喜屋陣営批判を強める事務所の雰囲気だった。我喜屋さん本人の基地問題に対する姿勢を批判するのはわかるとしても、彼の支持者を人格まで貶めるような表現で罵倒し、それで場が盛り上がるのに私はいたたまれない思いがした。六者協をはじめ組織のやり方に対する批判は私も人一倍持っているが、それはあくまでも仲間としての批判だ。これまでいっしょに運動をやってきた仲間を、最悪の敵であるかのように糾弾するのは、私には耐えられなかった。

辺野古の座り込みテントの中はますます居心地が悪くなり、別の集会で会った地元紙の記者に「最近テントに行ってますか?」と聞かれ「時々ね」と答えたら、「最近、雰囲気悪くて行きたくないですよね」と言うので、苦笑してしまった。

跋扈《ばっこ》する疑心暗鬼をなんとか吹き払おうと、一二月下旬、ようやくテント村で選挙について話し合いを持つことになった。一二月二三日に、名護市民投票八周年を期した大浦湾での海上デモが予定されており、選挙をめぐる不信感がそれに影響しないようにという配慮もあったと思う。話し合いではまず、ヘリ基地反対協の代表が、名護市の過去の選挙結果を資料にしながら「革新統一」しか勝利の道はないと提案したが、六者協構成組織を含む反対協に対する、大城さん支持者からの批判が相次いだ。うなずける批判もあったが、大城さんの正当性を強調するあまり、我喜屋さん支持者は犯罪者でもあるかのような言い方にはついていけなかった。私の違和感が最高につのったのは、大城さん支持者が、九九年末に岸本市長が軍民共用空港を受け容れたときの新聞記事のコピーを掲げて、「我喜屋は賛成派だ。これがその証拠だ」と、鬼の首でも取ったように言い、基地に反対する人が大城さんを支持しないのはおかしいと主張したときだった。

我喜屋さんがかつて基地容認派であったことは名護市民なら誰でも知っているし、本人もそう言っている。わかりきった過去のことをなぜことさらに言い立てるのか、しらけた気分になった。私自身もその時点では、容認から反対へ変わったという我喜屋さんに対して半信半疑だったが、人は変わりうるものだ。それ自体を認めないのはおかしい。それに、誰を支持するかは各人が自分の責任で判断して決めることで、他人に強要することはできない。

名護市以外の参加者から、冷静で客観的な意見が述べられ、最終的には「たとえ誰が誰を支持しようと、みんな仲間であり、これまで培ってきたテント村の団結をこわさないように しよう。選挙で意見が分かれても、終わったらまたいっしょに、基地を造らせないという共通の目標に向かってやっていこう」と確認し合ったのだが、感情的に割り切れない思いを残した人も少なくなかったと思う。

私の心は千々に乱れていた。大城さんを支持したい気持ちと、我喜屋さんのほうが勝てるのかなという思い。もちろん選挙には、喉から手が出るほど勝ちたい。大城さんは基地反対を貫いてくれると思うけど、勝てないと言われると、そんな気もする。我喜屋さんのほうが勝つ見込みは大きいと言われるが、ほんとうに最後まで基地に反対してくれるのか。勝ったあと、もし裏切られたら、ダメージは負けるより大きいだろう。

我喜屋さん支持のある人が、これまでの選挙からみて革新の基礎票がいくら、それに我喜屋さんを支持する保守系市議の票を足せばいくら、と計算し、だから勝てると言うのを聞いて、その単純さにあきれ、人間を数字でしか見ない感覚にも違和感を持った。大城さんはよくて二〇〇〇票しか取れない、と侮っていたが、彼や彼を支持する市民をそんなに甘く見るとしっぺ返しを受けるよ、と思った。少なくとも三〇〇〇、多ければ五〇〇〇票は行くだろうと私が言うと、大城さんがそんなに取ったら共倒れになるから、やはり降りてもらわないと、という話になる。前回、お願いして降りてもらった大城さんに、どのツラ下げて「降りて」と言えるの？　そんなこと、私にはとてもできない……。

悩みつつ、あっちに行ったりこっちに来たりする私は、おそらく、どちらからも疑いの目で見られただろう。これまでの選挙もたいへんだったけど、今回の比ではなかった。誰を支持しても、しなくても非難される。泥沼をはいずり回っているようなこの状況がとにかく早く終わって欲しいと、そればかりを願っていた。票はやはり大城さんに入れよう。だけど、選挙運動は絶対にやらない。私は、家に鍵をかけ、選挙が終わるまで布団をかぶって寝ていたい気分だった。

「勝って基地問題を終わりにしたい」

とはいえ、自分たちの地域を直撃する基地問題を大きく左右する選挙に狸寝入りするわけにもいかなかった。10区の会の内外から、会として選挙に対する姿勢を示すべきだという声があがっていた。10区の会でまた話し合った。私は、「10区の会は基地反対の運動団体なのだから、会として選挙に関わるのではなく、各人がそれぞれ、個人として自分の支持したい人を応援すればいいのではないか」と言った。これまで10区の会で中心的に活動してきたメンバーの中には我喜屋さん支持者もいれば大城さん支持者もいたが、その時点では大城さん支持のほうが多かったと思う。

私の意見に対して、前回市長選では会として宮城候補を支持したではないか、という反論があった。「あのときは統一候補だったからできたが、今回の分裂状態ではできないよ」「やはり、告示ぎりぎりまで統一への努力を呼びかけよう」……

私は、我喜屋さんについて、「反対派」が（組織の幹部は別にして）ほとんど何も知らないことが気になっていた。いくらか知っている私でさえ、前述の程度だ。大城さんは反対運動を共有してきた仲間だから考え方もわかっているし、その点では信頼している。しかし、市長として誰がふさわしいかを判断するには、我喜屋さん側の材料が足りない。票数計算で、市我喜屋さんのほうが勝てるというのは、運動に関わってきた人たちには説得力を持たないと思った。反対派が分裂すれば、どうせ勝ち目は薄い。それなら、疑わしい我喜屋さんより、揺るぎない反対派である大城さんで筋を通す、という選択をする人が多いだろう。実際、私もそこに傾いていたのだ。

しかし、やはり勝ちたい。勝って基地問題を終わりにしたいという強い思いが、また湧いてくる。我喜屋さんが信頼に値する人で、勝てる見込みがあるなら、その選択もある。我喜屋さんを推した六者協が、彼をテントに連れてきて、みんなと膝を交えて話し合う機会を持つべきだと、私はずっと思っていた。彼の話をじっくり聞いて、それぞれが判断すればいい。機会を捉えて口にしてもいたが、その気配はなかった。あとで聞いたら、我喜屋さんからテントを訪ねたいという打診があったが、そのときテントにいた人たちが「来る必要はない」と断ったとのこと。我喜屋さんにとって、かつて「敵」同然だった人たちのところに行こうと決断するのは勇気のいることだったろうし、にべもなく断られたらめげるだろう。テント村でも断らないで（初めから否定するのでなく）、話ぐらい聞けばよかったのに、と思うが、それは六者協にとっても想定内のことではなかったのか。我喜屋さんを推した責任としても、一回断られたくらいであきらめるべきではなかった。断られても断られてもなお話し合いを求める姿勢が、我喜屋さんと、その支持者に対する不信感を払拭したかも知れないのに、と残念でならない。

地域住民の判断に目が覚める

迷いと苦悩のまっただ中で年が明けた。選挙はもう秒読みの段階に入っていた。

年明け早々にたまたま参加した新年会で、ほんの短い時間だったが我喜屋さん本人の話を聞く機会があった。彼は、九九年末に七つの条件を付けて基地を容認した者の責任として、その条件を実現させるべく行った努力や行動を日本政府がことごとく踏みにじり、約束を守らず、基地建設の話だけがどんどん進んでいったことが自分を反対へ転じさせたと語った。よくわかる話だった。また、基地がらみのお金でゆがみ、腐敗し、崩壊寸前の名護市の財政の危機について語り、基地反対と財政再建を二本の柱として選挙に臨みたいと言った。決して雄弁ではなく、訥々とした語りだったが、それがかえって好感を与えた。

同じ頃、地域の親しい友人と会ったら、折り入って話があると言われた。「選挙のことだけど、今度負けたらもう絶望よ。あなたは大城さんの話をしていたけど、彼では勝てない。お願いだから、今回は我喜屋さんを応援して」と、泣いてすがらんばかりに言う彼女に驚いた。この地に生まれ育ち、基地反対ではあるが、普段は直接運動に参加することの少ない人が、こんなに切羽詰まった思いを抱いていたのだと胸を衝かれた。この話を10区の会のTさんにしたら、「私も、朝市のおばぁたちに大城さん支持をお願いしようと思って行ったら、逆に我喜屋さんを支持するよう説得されてしまったよ」と言う。

一〇区の一つである瀬嵩《せだけ》集落の国道沿いで毎週末、行われている朝市は、産業のない過疎地を狙って押しつけられてきた基地に対抗し、基地に頼らない地域の自立をめざして、もう六年間もおばぁたちが続けているものだ。一〇区の誇りである朝市のおばぁたちの判断は侮れない。彼女たちは「大城さんのがんばりには感謝しているし、大好きだけど、選挙は勝たなければ意味がないよ。勝たないと、基地が来てしまうんだよ」と訴えたという。

私ははっと目が覚める思いがした。ここしばらく辺野古での阻止行動に没頭するあまり、自分の地域である二見以北一〇区の人々の思いや生活実感から遊離していたことに気づいたのだ。もちろん、辺野古の座り込みや海上行動は、基地を止めるためには是非とも必要だったし、政府という巨大な権力に軍民共用空港を実質的に断念させた意義は大きい。それに参加できたことを私自身誇りにも思っているが、しかし、あの非日常空間に長くいたために、反対運動の世界だけしか見えなくなっていたのではないか。反対運動は必要かつ重要だが、私自身がその中で視野狭窄に陥っていなかったかと自省させられた。

その後、地域の人々と話すたびに、朝市のおばぁたちの判断が、反対住民の多くに共通していることを感じた。とにかく基地を止めたいし、これ以上苦しめられたくない。そのためには選挙に勝たなければならない。誰もが勝つための一本化を望んでいたが、それがほぼ不可能と思われる今となっては、勝てる見込みのあるほうを選ぶしかない。きわめてクールな判断だった。運動の筋を通すとか、個人的な感情で揺れ動いている自分がなんだか恥ずかしく思えた。

大城さんは街頭演説を精力的に始めていた。私が家にいたとき、たまたま聞こえてきたその内容は、我喜屋さんを支持した人たちを名指しで批判するもので、あまり感じがよくなかった。地域の人たちも「裏切らない、とか強調されると、まるで我喜屋さんが裏切ると言っているようで、反発を感じる」「敵をまちがっているんじゃないか」と言っていた。もっと、自分の主張をきちんと話せばいいのにと思った。また、大城さんの支持者が我喜屋さん支持者を何かにつけて糾弾するのにもうんざりしてきた。この頃から、私の気持ちは次第に大城さん支持から離れていったように思う。

住民意思を反映した10区の会の決断

いよいよ分裂選挙が不可避の様相を呈してきたが、会として何らかの姿勢を示すのかどうかについては、まだ結論が出なかった。選挙の告示が目前に迫った一月一〇日、10区の会の会合を持った。「自分は一本化の望みをまだ捨てていない」とHさんが言った。「最後の最後まで努力しよう」。

その最後の努力として、大城さんと我喜屋さんの両者にお願いして一〇区に来ていただき、地域住民との話し合いの場を作ろう。その場で、一本化を望む地域の切実な声や率直な疑問も、お二人に聞いてもらい、答えていただこう。結果的に一本化ができなかったとしても、両者の話を同時に聞くことは、地域住民がどちらを支持するかを判断するのに役立つだろう。地域住民に判断材料を示す場を持つことが、10区の会としての仕事ではないか。……そんなことを話し合った。

両陣営の集会の日程などを考慮すると、一五日の告示前の可能な日は一二日しかなかった。夜も更けていたが、会合の場から両者にお願いの電話を入れた。我喜屋さんのほうは、日程は詰まっているが前向きに検討するという返事だった。一方、電話口に出た大城さんは「話を聞きたいならそっちが来るべきだ」と言うので、趣旨を話したが、「自分一人の懇談会ならいいが、我喜屋さんとは同席できない」と断られてしまった。その時点まで大城さんを支持したいと言っていたメンバーの顔色が変わるのがわかった。一本化の願いは最終的に絶たれてしまったことを誰もが感じていた。

まもなく我喜屋さん側から承諾の返事が来た。一人では、私たちが当初考えた目的は果たせない。どうしよう。やめるという方法もあったが、私たちはやることにした。これは候補者がやる演説会や懇談会とは違う。私たち地域住民が両候補予定者に率直な疑問や意見をぶつけ、それに答えてもらおうという趣旨だった。大城さんに来てもらえなくても、我喜屋さん本人に、また我喜屋さんを推した六者協に対して聞きたいこと、言いたいことがたくさんあった。

決めた翌々日の開催というあわただしさで行った「我喜屋さんと語る久志住民のつどい」には、あいにくの大雨にもかかわらず四〇人ほどの地域住民が参加した。基地反対の住民がこれだけ集まったのは久しぶりだ。10区の会の当初の懐かしい顔ぶれや、かつては容認派だった人たちもいる。Tさんはあとで、「うれしくて涙が出た」と言っていた。

私たちは前もって、六者協の候補者選定をリードし我喜屋選対の本部長でもある玉城義和さんに、候補者選定をめぐる市民の不信や疑問に答えてほしい、我喜屋さん本人には、なぜ容認から反対に変わったのか、ほんとうに反対を貫けるのかという問いに答えてほしいとお願いしていた。お二人はそれを受けてくれた。玉城さんの答が充分でないという批判もあった(選挙前には公にしにくいこともあるだろう。それは選挙後でもいいから、きちんとやってほしいと私は思った)が、我喜屋さんの話はおおむね好意的に受け止められていたように思う。住民側からは、日米が合意した「沿岸案」に対する並々ならぬ危機感と、なんとしても選挙に勝たねばという切羽詰まった思いが訴えられた。

「つどい」終了後、10区の会の主メンバーが残って話し合った。この日の参加者の総意が「我喜屋さん支持」であることは明白だった。それを踏まえて、10区の会として選挙にどんな姿勢で臨むのか、決めなければならなかった。

「10区の会として我喜屋さん支持を打ち出すべきだ」という提案があった。私はこの期に及んでもまだ、個人として選挙運動をやるのはいいが、会として打ち出すことには消極的だった。我喜屋さん支持を打ち出したときの反発は容易に想像できた。辺野古のテント村や現場のたたかいに参加した人の多くが大城さんを支持し、かつて容認派であった我喜屋さんに不信感を表明していたからだ。私がいちばん心配したのは、東海岸に基地問題が起こってからこの九年間、ともに手を携え、励まし合って反対運動をやってきた「辺野古・命を守る会」とのあいだに亀裂ができないかということだった。大城さんを心から信頼し、熱烈に支持している「命を守る会」のおじぃ、おばぁ、一人ひとりの顔が浮かぶ。彼らが、たたかいの苦楽を共にしてきた大城さんを支持するのは人情として当然だし、一〇区の私たちにもそれを期待しているだろう……。おじぃ、おばぁたちの気持ちを裏切り、苦しめるなんて、できやしない……。

会として我喜屋さん支持を打ち出すかどうか、侃々諤々《かんかんがくがく》の議論が続いた。地域住民の意思を反映するのが、地域住民団体としての10区の会の務めであることはわかっていた。なんとしても選挙に勝ちたいというみんなの思いがひしひしと迫ってくるようだった。「分裂選挙になったとしても、一％でも可能性のある方にかけたい……」。一方で、「これまでの大城さんとの関係を断ち切ることになるのか……」と、呻きに似た声が漏れる。悩み、苦しみ、その場にいた全員が泣いていた。

日付もとうに変わった頃、私たちはついに決断した。沿岸案に直撃される地域住民の声を全市民に知らせ、それを選挙に反映させるためには、会として選挙に積極的に関わる必要がある。そのためには姿勢をはっきりさせなければならない。辺野古のおじぃ、おばぁたちも、事情を丁寧に話せばきっとわかってくれるはずだ……。こうして私たちは、住民意思の反映として我喜屋さんを支持することにしたのだった。

主体的に選挙に関わる

その日から二二日の投票日まで、短期間だったが、私たちはフル回転で選挙運動にかけずり回った。選挙運動を会として行うためには、休会中だった会を再開しなければならなかったので、まずは、会の再開および「会として我喜屋さんを支持する」ことを地域に知らせるビラを作り、一〇区の全戸に配布した。

私は自分の住んでいる三原集落を中心に配布したが、一二〇軒ほどを回るのに、なんと五時間以上もかかった。山間の川沿いに人家が離れて点在する地域事情もあるが、一軒一軒まわっているとあちこちで引き留められ、「なぜ、こう（分裂）なってしまったの？」と説明を求められたり、「大城さんはどうして降りてくれないの？」と聞かれたり、はかどらないこと夥しいのだった。その中でも、我喜屋さん支持が地域の大多数の意思だということを再確認した。

うれしかったのは、私の自宅（昨年、土地を借りてプレハブのマイホームを建てた）の地主が我喜屋さん支持だったことだ。この人は小さな土建会社を経営していた（最近、どうやら倒産したらしい）ので、島袋さん支持かなぁと思っていたのだが、私が我喜屋さんで動き出してから互いに「味方」だということがわかって、親しくなった。彼と同様、この地域の多くの小・零細業者は我喜屋さん支持が多かった。

私たちは決断した翌日、何をさておいてもまずは命を守る会にそれを伝えようと、辺野古の事務所を訪ねた。まさに「聞くも涙、語るも涙」のひとときだったが、きちんと受け止めてもらえたと思う。しかし、私たちの決断に対する風当たりは予想通り、否、予想以上に大きかった。つい昨日までいっしょに現場でたたかってきた仲間から「裏切り者」呼ばわりされ、まるで「敵」であるかのような態度をとられるのはつらかった。我喜屋さんを支持する組織の一つに下地幹郎衆議院議員が率いる政策集団「そうぞう」があり、下地氏が、普天間移設の代替案としてキャンプ・シュワブ内に小規模のヘリパッド建設を提案したことから、「あなたも同じ考えか」と詰《なじ》られたりした。下地＝我喜屋＝我喜屋を支持している私、という等式（思想信条が同じ）はどうにも理解できなかったけれど。

つらかったこと、苦しかったこと、泣きたかったこと（実際に泣きもした）は数え切れないくらいあるが、結果として私は、会として態度をはっきりさせ、選挙に主体的に関わったことはよかったと思っている。一キロ四方に声が届くという街宣車に乗り、応援の国会議員・県議らとともに名護市内をくまなく回って演説し、一〇区の声や危機感を市民に直接訴えることができたし、何よりも、これまで希薄になっていた地域住民との結びつきを再確認し、取り戻すことができたからだ。普段、10区の会とは少し距離を置いている地域のある人から「10区の会がはっきり表明してくれたので、（我喜屋さん支持の）運動がやりやすくなった」と感謝されたときは、とてもうれしかった。

我喜屋陣営を「保革相乗り」と呼ぶ表現があるが、そこに、利害打算だけの野合だというニュアンスが込められているとすれば、それは違うと思う。私は今回、これまで住む世界が違うと思っていた、いわゆる「保守」の人たちと、ほんの短期間ではあったが協働する機会を得た。他の点では思想信条の違う人たちが、共通できる課題で協働するのは、とてもいいことだと感じた。だって、それが人間の世界だもの。「保守」も「革新」も（どっちも括弧に入れたい気がするが）、きっと互いに学ぶところがあり、視野が広がって豊かになったはずだ。

　私は我喜屋さんを見ていて、とても失礼な言い方で申し訳ないのだけれど、彼がわずかな期間にどんどん成長していく（変わっていく）のに感動を覚えた。人が変わっていくって素敵なことだな、と思った。一五日の告示のあと、出発式で彼はこう言った。「市民が基地ノーの意思を示した名護市民投票の時点まで市政を引き戻さなくてはならない」「市長というポストがもし権力であるのなら、その権力を市民の側に取り戻そう！」と。私はそれを聞いて、この人を支持したのは間違いではなかったと思った。

　我喜屋さんは暴力団とつながっているとか、出身地の今帰仁では評判が悪いとか、さまざまな噂が流された。大城さんは自民党からカネが出ていると、まことしやかに言う人もいた。共産党が自分たちのビラで、我喜屋さん支持を訴えつつ、大城さんと島袋さんの悪口を書いているのはいただけなかった（「読む人がイヤになって逆効果だからやめて」と言ったらすぐやめてくれたので、うれしかった）。基地賛成派の女性たちが、基地に反対しているおばぁたちのところを訪ねて大城さんを誉め、「可哀相だから、大城さんに入れなさい」と説得して回ったり、公明党の人が一人暮らしのお年寄りに「島袋さんが勝てば、お宅の家のここを修理してくれるよ」と「約束」して回ったり、誹謗中傷や騙し合いは選挙に付きものだ。やめて欲しいけれど、それが無理なら、自分の感性を信じるしかない。

流した涙の分だけ強くなった？

選挙が終わり、私たちは厳しい現実と向き合っている。日米両政府は、もともとやる気のなかった「地元の理解を求める」パフォーマンスさえかなぐり捨てて、いよいよ有無を言わさず強行する姿勢を明らかにした。三万五千人が集まった三月五日の沿岸案反対県民大会を、あの程度なら大したことはない（ねじ伏せられる）と読んだのか、それとも、あれだけ集まったのだからどうせ説得は無理だ（だから強行する）と読んだのか。いずれにせよ沖縄を平気で踏みつけにする日本政府に対して、もみ手をしつつ「受け容れられる修正案の範囲」などを示す名護市の姿は、あまりにも情けなく、恥ずかしい。

10区の会は選挙後の一月三日、再開総会を行って正式に再スタートした。それが、今回選挙の最大の成果だ。もっとも、再開したからといって、一挙に参加者が増えたわけではない。私たちは根気強く参加者を増やし、政府の沿岸案強要に負けない地域の基盤を作っていく地道な活動を始めている。大浦湾を漁場とする汀間のウミンチュたち（名護市漁協汀間支部）が立ち上がり、10区の会との交流も生まれてきた。

選挙のしこりはまだ残っている。命を守る会のおじぃ、おばぁたちとのぎくしゃくした関係も、完全に修復するにはもう少し時間がかかりそうだ。つらかったし、今も切なくつらいけれど、苦悩した日々と流した涙の分だけ、少し強くなったような気がしている。

10区の会は元気です！

（二〇〇六年三月）

【付記】 冒頭でも断ったが、この記録は私個人のきわめて私的な回顧である。私自身が経験した範囲のできごと、感じたことを率直に、記憶をたどって書き記したものであり、偏ったところや記憶違いもあるかもしれない。私自身が予断と偏見から自由であるとは思えないので、自分の判断や、ものの見方を正しいと言うつもりもない。この記録の中の大小の間違いに気づかれた方は、ご指摘いただければ幸いである。

第2章

在日米軍再編の中で

在日米軍再編と地元の苦悩

政府と市長のあきれた「Vサイン」

二〇〇六年四月七日夜、私は、普段は滅多に聞かないカーラジオをつけて車を運転していた。ヘリ基地反対協の幹事会を終えて家路に向かう途中だった。上京中の島袋吉和名護市長が額賀福志郎防衛庁長官と米軍・普天間飛行場移設問題で合意し、その記者会見が行われることになっていた。幹事会では会議を進めながら報道を待っていたが、当初の予定時刻をかなり過ぎてもまだ行われなかったので、解散したのだった。

ラジオから「滑走路を新たにもう一本造ることで合意しました」というアナウンスが流れた。私は耳を疑った。どういうことか意味がわからず、頭が真っ白になった。闇を照らす車のライトを見つめながら「滑走路をもう一本……」と、繰り返し口に出して言ってみたが、頭は混乱するばかりだった。

私の住む三原の手前にある瀬嵩《せだけ》の渡具知《とぐち》智佳子さん宅を訪ねた。名護市長選挙を機に再スタートした「ヘリ基地いらない二見以北10区の会」の再開総会（二月三日）で、智佳子さんと私が共同代表に就任したが、彼女は小さな子どもが三人いるので、外の会議に出かけるのは難しい。会議の報告がてら立ち寄った彼女の家のテレビがちょうど、名護市長と防衛庁長官の記者会見を報じていた。

辺野古沿岸部に二本の滑走路をV字型に配置したその画面を見て、唖然とした。よくもこんな、アクロバットまがいの決着を思いついたものだ！　二人で怒りの声を上げた。メイン滑走路とサブ滑走路を使い分け、離陸時も着陸時も海の上だけを飛ぶようにするという政府の説明を、まことしやかに伝えるアナウンサーにまで腹が立った。沖縄をどこまでバカにするのか！

二本の滑走路で被害も危険も倍増

しかし、こんな説明には子どもでも騙されない。いったん基地が造られてしまえば、たとえどんな約束をしようと、どんな使用協定を結ぼうと、米軍がそれを守るはずがないことを、基地被害に苦しめられてきた六〇年余の体験から、沖縄住民は骨身にしみて知っている。また、滑走路をどの方向から使うかは、風向きや気象条件によって違ってくるのは常識だ。私たちは、ボーリング調査阻止のための海上座り込みの中で、海の天気がどれほど変わりやすいかを知った。滑走路を一方向からしか使わないから陸の上を飛ばないなんて、およそあり得ない。まして、ここは訓練基地なのだ。決まった経路しか飛ばないのでは訓練にならず、米軍にとって造る意味がない。現在、普天間で行われているタッチアンドゴーの訓練も引き継がれるのは確実だ。

島袋名護市長は、「沿岸案反対」を選挙公約にして当選しながら、二月八日の就任後二ヶ月も経たないうちにそれを投げ捨て、どう見ても「沿岸案（の拡大）」でしかない案を唯々《いい》諾々《だくだく》として受け入れた。そればかりか、「（米軍機の）飛行ルートが陸域（住宅地）にかからないようにという名護市の要請が受け入れられた。（政府の）ご配慮に敬意を表する」と、記者会見で語ったのだ。その卑屈さは、九七年の市民投票で「新基地ノー」の意思を高らかに発信した名護市民の誇りを踏みつける屈辱そのものだった。

就任後、口では「沿岸案に反対する」と言いながら、政府の求めに応じて何度も上京し、協議を重ねている市長に私たちは不信感を募らせ、政府との交渉に応じないよう要請を繰り返していたが、その間に、密室でこんな話が進んでいたかと思うと、腹が煮えくりかえるようだった。

二本の滑走路ができれば、それを使って米軍ヘリや戦闘機が住宅地を含む地域の空を飛び回り、自由自在に訓練を行うであろうことは目に見えている。そうすれば、ここは人の住めない地域になってしまうのではないかと、地域住民は不安を募らせている。墜落を繰り返し欠陥機で有名なオスプレイ機も配備されることになっており、墜落の恐怖や米軍がらみの事件・事故からも逃れられないだろう。

滑走路が増えることによって大浦湾の埋め立て面積がどれだけ増えるのかはわからないが、海の破壊がいっそう大規模になることは、はっきりしている。予定地は大浦湾の入口に位置しているため、潮流の変化による被害も必至だ。大浦湾を漁場とする漁民たちは、「軍港化を狙っているのは確実だ」「こんなものができたら生活できなくなる！」と悲鳴を上げている。

今回の合意案は、四〇年前（ベトナム戦争中の一九六六年）に米軍が作成した「海軍施設マスタープラン」に酷似しており、建設費用が膨大なため米政府の許可が下りず棚上げになっていたのが、「費用は日本持ち」で復活したものであることが明らかになっている。これを取材したテレビ朝日が四月一二日、同系列で全国放映もした。結局、米軍はいちばん欲しかったものをタダで手に入れようとしているわけだ。米軍には至れり尽くせり、沖縄住民には踏んだり蹴ったり、である。

卑劣な日本政府と卑屈な沖縄ミニ権力者

地元住民や漁民たちが「最低最悪の案」と呼ぶ「拡大沿岸案」を名護市長に受け入れさせ

るために、日本政府はあらゆる手段を使った。額賀長官が人払いをして島袋市長一人だけを部屋へ招き入れ、就任したての市長を密室で脅し上げたという噂も聞いたが、さもありなんと思う。そして、その外堀を埋めるべく、七日、名護市長と同時に北部四首長（東村、宜野座村、金武町、恩納村）を上京させ、基地受け入れに伴う「北部振興策」に期待する彼らの合意を取り付けた。嬉々として額賀長官と握手する彼らの醜い姿をテレビや新聞で見せつけられる県民は、たまったものではなかった。

さらに翌八日、政府は、沿岸案反対の姿勢を堅持している稲嶺恵一・沖縄県知事を東京に呼びつけ、前記五首長を同席させて知事に圧力をかけたのだ。幸い、知事はそれに屈せず自らの意思を貫いた（但し「名護市長の判断は尊重する」と言った）が、政府の道具に使われることを拒否し、翌日まで東京に残らず帰るという選択のできる人は、五人の中に一人もいなかったのかと、情けなく思った。

沖縄に基地を押しつけるためにはどんな卑劣な手段を弄しても恥じない政府権力と、宗主国の「お慈悲」にすがる植民地官僚よろしく、それに媚びへつらい、カネや目先の利益だけを求める沖縄のミニ権力者たち。それは、未来を担う子どもたちの眼にどう映っているだろうと思うと、ため息が出た。「荒れる子どもたち」を嘆く前に、権力者たちこそが自分の身を振り返るべきだ。そんな大人だけではないということを示すためにも、私たちがここでめげるわけにはいかないのだ。

宜野座村は四月四日、村議会議長を実行委員長に、村をあげて「沿岸案に反対する村民総決起大会」を行ったばかり。東肇村長もそこで、「村民の生活を守るために断固反対する」と宣言したのだ。それからわずか三日後に、「村の上空を飛ばさない」という（実現不可能な）条件で受け入れたのだから、村民が怒ったのは当然だった。村民大会には保育園児から高校生までの子どもたちも参加し、高校生代表は壇上で、反対に向けた決意を語った。宜野座村の知人は、「あの子をはじめ子どもたちにどんな顔向けができるんだ！」と憤慨していた。

公約違反の合意案に名護市民八七％が反対

週明けの一〇日、名護市役所には朝から、市長の政府との合意に抗議し、撤回を求める多くの市民・県民が詰めかけた。市長は市民の目を避けて登庁せず、私たちの再三の要請でようやく設けられた交渉の席では、末松文信《ぶんしん》助役が応対した。助役の顔を見たとき、私の口から思わず出た言葉は、「よくも私たちを騙して、やってくれましたね！」だった。自分の手が怒りでわなわなと震えているのがわかった。

助役は顔を真っ赤にしたが、「（市長の合意は）公約違反だ」となじる市民らに対し「市の示したバリエーションの範囲内なので、公約違反には当たらない」と居直った。しかし、

「米軍が使用協定を守った例がこれまでにあるのなら示して欲しい」と追及されると、答に窮してうつむいてしまった。

一一日夕刻には、名護市役所前広場で「島袋名護市長の公約違反糾弾！　沿岸案の合意撤回を求める緊急抗議集会」（主催＝ヘリ基地反対協／基地の県内移設に反対する県民会議）が開かれた。名護市内外から五〇〇人が参加し、日本政府の沖縄差別に対する怒りの声をあげた。先の辺野古沖軍民共用空港案を、圧倒的多数の「反対」県民世論に支えられた現場のたたかいによってついに断念に追い込んだように、今回の「拡大沿岸案」も、県民が心を一つにすれば必ず追い返せると確認しあうとともに、その方法の一つとして、公約を破った名護市長リコールの呼びかけが行われた。但し、就任後一年間はリコールできないため、それに向けた準備をしていくことになる。

四月半ばに沖縄の地元紙である『琉球新報』と『沖縄タイムス』が相次いで行った県民世論調査によれば、七〇％以上の県民が今回の「（新）沿岸案」に反対し、反対の姿勢を貫いている稲嶺知事を支持している。なかでも名護市民の反対は約八七％にのぼり、いわゆる反対派だけでなく島袋市長の支持者の中にも、この「合意」には反対の人が多いことを示している。

市長はさすがに後ろめたいのか、「合意」以降、市民の前に一切姿を見せていない。ヘリ基地反対協をはじめ市内外の市民団体による再三の市長面談要請からも逃げ続け、世論調査結果についての新聞社の取材に「世論調査は反対が出やすい」などと意味不明のことを言って失笑をかった。

「沖縄を守る」三万五千人の県民大会

ときは前後するが、三月に行われた県民大会と、私たち10区の会が行った「普天間基地体感ツアー」、そして岸本建男・前市長の死去についても、ここで簡単に報告しておきたい。

心配していた天気が見事に晴れた三月五日、青空からこぼれ落ちる陽の光を浴びてキラキラと輝き、空の色を映していっそう深みを増した藍色の大浦湾に沿って、私たちのバスは一路、会場の宜野湾市海浜公園をめざした。県民大会に参加する多くの県民に、この大浦湾に襲いかかろうとしている辺野古沿岸案の直撃を受ける地元住民の声を届けようと、10区の会でバスをチャーターして参加することにしたのだ。

南北二〇キロに点在する一〇の集落を一つ一つ回って、おじぃ、おばぁや子どもたちを含む参加者を拾うのに二時間近くもかかった私たちが会場に着いたのは、午後三時を少し回っていた。舞台ではすでにピースステージと題する音楽イベントが始まっていたが、続々と集まる人々はあとからあとから湧いてくるようだ。色とりどりの旗（「琉球独立」の旗もあった）

や幟、工夫をこらしたプラカードや横幕、家族連れや若者たちの多様な装い、「ピース花獅子」などのアート・パフォーマンス等々、会場の華やぎがうれしい。

午後四時、いよいよ大会が始まった。「知事権限を奪う特措法制定反対　普天間基地の頭越し・沿岸案に反対する沖縄県民総決起大会」という長たらしい名称は、準備段階から「意味がわかりにくい」と不評だったが、県知事を含む超党派での開催をめざして、沖縄県議会が全会一致で行った決議名を、敢えてそのまま用いたという。しかし残念ながら、大会実行委員会の度重なる要請にもかかわらず、「国に反対すれば振興策が来なくなる」ことを恐れる自民党・公明党は参加せず、「超党派でない」ことを理由に知事も参加しなかった。一般県民の感覚では「逆じゃないの？　知事が参加すれば超党派になるのに」と、納得できないのだが……。

開会の挨拶を行った山内徳信共同代表は「沖縄県民はこれ以上だまされない。沖縄のマグマが大きく動き始めたことを日本政府は知るべきだ。沿岸案を受け容れないというのが県民全体の声だ。撤回までたたかい抜こう！」と力強く檄を飛ばしたが、私がそれ以上に感銘を受けたのは、もう一人の共同代表で、かつて西銘・保守県政時代の副知事を務めた比嘉幹郎氏の主催者代表挨拶だった。

七〇代半ばの彼は、精一杯の努力も空しく超党派とならなかったことへの慚愧《ざんき》をにじませ

沿岸案に反対する３・５県民総決起集会

ながら、「地域住民から各自治体、知事まで、県民の総意である沿岸案反対を国の政策に反映させるために大会を開いた。県民が分裂している場合ではない」と言った。そして、会場の参加者たちに「沖縄を守るために大同団結しよう！」と呼びかけたのだ。「沖縄を守るために」という言葉が心に染みた。そこには、いま「沖縄そのもの」が潰されようとしている！　という、並々ならぬ危機感がこもっていた。保守・革新を超えたウチナーンチュとして、彼は黙ってはいられなかったのだ。

「大浦湾を守れ！」

沖縄選出国会議員たちの発言、伊波洋一宜野湾市長の挨拶のあと、いっしょにバスで行った二見以北の二人が地元からの訴えを行った。三人の子を持つ渡具知智佳子さんは、この九年間の苦しみと子どもたちの未来への不安を切々と訴えたあと、「沿岸案に反対ではないのです。いかなる案であろうと新しい軍事基地を造ることに反対しているのです」「日本政府の皆さん、こんなにも嫌われているのですから、きっぱりと沖縄をあきらめてください」と述べ、大きな共感の拍手を浴びた。

大浦湾を漁場とする名護市漁協汀間《ていま》支部長の勢頭《せど》弘敏さんは、「大浦湾海域は藻場が発達し、あらゆる魚の産卵場所であり、シラヒゲウニの生息場所でもあります」と大浦湾の豊かさを語り、「日米両政府が合意した最悪の沿岸案に強く抗議する」と決意を語った。二見以北からの参加者たちは、この日のために用意した、藍の地に「大浦湾を守れ！」の白抜き文字が映える横幕を、舞台前に大きく掲げて二人の発言者をサポートした。

三万五千人の参加者は、数だけで言えば、八万五千人が参加した九五年の県民大会の半分にも満たない。しかし、超党派で官制組織も総動員し、交通機関も無料となった九五年と比べ、圧倒的に不利な条件の中で、自由意思で参加した人々がこれだけいたことの意味は大きいと思う。

おまけの話を付け加えると、集会後がまたたいへんだった。帰りのバスに乗るために歩き始めたのはいいが、耳の遠いおじぃにはぴったりくっついて歩くなど、気をつけたつもりなのに、慣れない人混みの中で大人の迷子が続出（子どもたちは誰も迷子にならなかった）。探しに行った人がまた行方不明になり、携帯電話も持っていないため連絡が取れず、ずいぶんやきもきした。あとで友人に話したら、「幼稚園児の引率みたいだね」と笑われた。

それでもどうにか全員が揃い、ようやく出発したバスの中では、疲れ直しのビールも入って、くつろいだ気分になった。「今日の発言はすばらしかった」と、いっしょに行ったウミンチュ仲間をはじめみんなに誉められた勢頭さんはすっかり気をよくして、「これからもがんばろう！」とこぶしを振り上げた。

「普天間基地体感ツアー」が実現

三月二一日、10区の会では再びバスを借りて、「普天間基地体感ツアー」を行った。一〇区から子ども一四人大人一四人、一〇区外からの参加者も含めると四〇人を越えたこのツアーが成功したのはひとえに、普天間基地を抱える宜野湾市の方々の尽力と支えがあったからだ。私たちが乗ったバス一つをとっても、運転手付き、ガソリン代や高速代などの諸費用もすべてカンパで、宜野湾市職労が出してくれたもの。宜野湾から、高速道路を使っても一時間以上はかかる瀬嵩（一〇区の中心地で、ツアー参加者集合場所）への送り迎えまでやってくださった。

伊波洋一宜野湾市長（後列右から３人目）と普天間基地体感ツアー参加者たち（３月21日嘉数高台にて）

一〇区の住民は、新基地建設に対して大きな不安を持ちながらも、移設されるという普天間基地の実態はほとんど知らない。基地が造られるということの実感を持てず、危機感のない人々も少なくない。造られてから実感し、後悔しても遅いから、どんな基地が来ようとしているのかを自分たちの五感で確かめたい、という私たちの希望を伝え聞いた地元紙のI記者（かつて北部支社に勤務し、現在は宜野湾支局にいる）が、取材を通じて親交のある宜野湾市基地政策部の山内繁雄次長に相談し、段取りをつけてくれた。そうして、宜野湾市が受け入れ窓口となり、基地政策部が随行して、伊波洋一・宜野湾市長をはじめ、普天間基地の騒音の最も激しい上大謝名《うえおおじゃな》区の津波古《つはこ》良一自治会長、一昨年八月、沖縄国際大学に墜落・炎上した米軍ヘリの破片が自宅を貫き、赤ちゃんを抱いて逃げた若いお母さんである中村桂さん、の三人が案内するという超豪華キャスト、前述のように送迎まで付くぜいたくツアーが実現することになったのだ。

三月二一日にしたのは、週末は米軍の訓練も休みになることが多いため、こちらが休日で米軍の訓練が行われるであろう日を選んだつもりだった。しかし、これだけは見事に思惑がはずれてしまい、私たちの宜野湾滞在中、輸送機が一機飛来しただけで、ヘリはまったく飛ばなかった。「10区の会の視察が怖くて訓練をやめたのかも」という冗談も飛んだが、どうやらこの日、北原防衛施設庁長官が来沖していたためらしい。沿岸案をどうしたら押しつけられるかを探るために政府高官の来沖が相次いでいた頃だ。日本政府に実態を隠すなんて「インチキだ」と、みんな怒っていた。

宜野湾と名護の心はひとつ

ヘリや戦闘機の騒音や爆音こそ体験できなかったけれど、宜野湾市の方々の生活実感に基づいた話は基地の恐ろしさを理解するに充分だったし、普天間基地撤去へ向けた宜野湾市の熱意、移設予定地住民に対する思いと暖かいもてなしは参加者に大きな感銘を与えた。

普天間基地を一望に見下ろす嘉数《かかず》高台公園の展望台で、「県外・国外移設」を求める市の姿勢を熱く語ってくださった伊波市長は、沖縄戦の最初の激戦地（戦闘員の五二％が亡くなったという）であったこの高台のすぐ近くに生まれ育ち、今も住んでいるという。基地のフェンスにくっつくように人家や学校、病院などが恐ろしいほど密集している普天間基地の歴史的経過や、米軍ヘリの飛行が一日平均一八〇回（〇三年調査）、一日二〇〇回飛ぶ日が年間一ヶ月以上を越えるという実態を説明し、「（基地のなかった）もとの沖縄に戻したい。県内移設反対は皆さんと同じ」と話した。熱心に聞いていた子どもたちは、市長といっしょに写真におさまって大満足だった。

人家すれすれに設置された普天間基地滑走路の誘導灯を見たあと、雨が降ってきたので、すぐ近くの上大謝名公民館へ移動した。公民館には五〇人分以上と思われるお茶とおやつが準備され、一人ひとりに津波古自治会長が手渡してくださるのに感激。それをいただきながら津波古さんのお話を聞いた。公民館に設置された騒音測定器を指さしながら、彼は、六七〇世帯一七〇〇人が住む上大謝名区の人々は、年間二九〇回に上る基準値以上の騒音被害に苦しんでいると語った。「音による被害は住んでみなければわからない。外傷のように一目瞭然でないだけに、精神的・身体的な健康被害は余計に深刻だ。イライラして集中力がない、子どもたちの学力低下、肥満、睡眠時無呼吸症候群などが多く、宜野湾市民は他市町村と比べて短命だ」。

当初、沖縄国際大学のヘリ墜落現場（ヘリが激突して黒こげになった大学本館の壁は、多くの学生・教職員、市民の保存運動にもかかわらず、大学側が撤去してしまったので、現在はもうないが）で話してもらう予定だった中村さんも、雨のため急きょ、公民館に来ていただいた。「宜野湾市で生まれ育ち、幼い頃から、基地があるのが当たり前、ヘリが飛ぶのが当たり前と感じていたが、事故によって、それは異常な状態なのだと気づかされた」と彼女は語った。ヘリ墜落時の恐怖、危機一髪で生後六ヶ月の息子を抱いて夢中で逃れ、あとで自宅に戻ってみると、赤ちゃんを寝かせていた布団の上にコンクリートや割れた窓ガラスの鋭い破片が無数に散らばっていたという話を、参加した母親らは体を震わせ、涙を流しながら聞いていた。事故のあと、騒音にイライラし、事故の恐怖が戻ってくる苦しさを話しながらも「こんな苦しみを名護の人たちに味わわせてはいけない。名護に持っていくくらいなら、私たちがもうしばらく苦しむほうがましだ」と彼女は言った。

宜野湾の思いと名護の思いが一つになった瞬間だった。渡具知智佳子さんは思わず立ち上がり、「ありがとう!」と言った。彼女も泣いていた。県民大会での訴えで、智佳子さんは「新しい基地に反対しているから、いつまでも普天間基地は宜野湾に居座り続けていることが申し訳ない。でも私たちだって基地はいらない」と語っている。心が一つになった感動とともに、両者にこんな苦難を強いている基地はなんとしても追い出さなければ、という思いをいっそう強くした。参加した子どもたちも、そんな大人たちの思いを感じ取り、また自ら多くのことを学んでくれたと思う。

岸本建男前名護市長の市民葬

病気療養中だった岸本建男前名護市長が三月二七日、亡くなった。六二歳の若すぎる死だった。在職中の二期八年間、私たちにとっては抗議と批判の対象であり続けたが、基地問題をめぐる葛藤が彼の死期を早めたであろうことを思うと、胸に迫るものがある。

四月二日、私は21世紀の森屋内運動場で行われた市民葬に出席した。10区の会のある仲間は「市民を裏切って基地を受け入れたヤツを市民葬だって？　勝手に決めて税金を使うなんて許せん！」と怒っていたし、私が出席すると告げると、「はごさぬ。行かんけー（イヤだ。行くな）」と言うおばぁもいたが、私は、立場は違っても、名護に降りかかってきた大問題と苦闘してきた一人の人間として、その死を悼みたいという気持ちが強かった。

天も泣いているかのような雨の中、会場には続々と人々が集まっていた。長男・洋平さんの腕に抱かれて会場に入ってくる建男氏の遺骨を見て、「ほんとうに死んじゃったんだ」と実感した。「建男さん、骨になる前にきちんと話したかったね……」と心の中で呼びかけた。残念だった。死の間際、彼は何を思っただろう……。

若い頃、お金に代えられないヤンバルの豊かさに依拠しつつ市民の創意による等身大の開発を説く「逆格差論」のリーダーとして注目を集め、一坪反戦地主でもあった彼は死の直前、島袋現市長に「(沿岸案を) 受け入れるな」と遺言したと聞く。九九年末、軍民共用空港を受け入れるに当たり、彼がつけた七つの条件は、それを守るなら、およそ基地建設などできるはずもない高いハードルだった。地元の頭越しに、条件も何もないまま押しつけられようとしている今回の「沿岸案」を受け入れることは、彼にとって九九年の「受け入れ」とはまったく質の違う、許し難いものだったのだろう。行きつけのバーで、「逮捕覚悟で反対する」と語っていたという話も聞いた。

健康状態の悪化からやむなく次期出馬を断念した建男氏だったが、島袋氏は、彼が必ずしもバトンを渡したい人物ではなかったという。後継市長候補としては四番目だったとも聞く。名護市最大の難局とも言える状況を担える人材でないことを、彼はよくわかっていただろう。それでも病身を押して島袋氏の選挙応援にかけずり回った建男氏の胸中を思うと、なんだか切ない。無念だったろうね、建男さん。

足を棒にして立っている私たちの前で、額賀防衛庁長官や麻生外務大臣など政府要人が真っ先に献花する。私はそれを見ながら、「よくものうのうと献花できるな。半分はおまえたちが殺したようなものだろうが!!」と叫びたい気分だった。

それどころか彼らは厚かましくも、来たついでに、「陰の市長」と言われる比嘉鉄也元市長と会って密談したと言われる。九七年に、市民投票の結果を踏みにじり「基地受け入れ表明」と同時に市長を辞任した比嘉氏は、その後もずっと「院政」によって名護市の実権を握っているという。沿岸案への合意を迫る政府との協議に出かけようとしていた島袋市長の足を、建男氏は「自らの死をもって止めた」と言われたのに、島袋氏は市民葬のわずか五日後に政府と合意してしまったのだ！

反対すると滑走路が増える？

島袋市長が政府と合意した、滑走路二本のとんでもない沿岸案に対して、地元住民はもちろんみんな怒っている。しかし、その怒りがストレートに出ないのも残念ながら事実だ。世論調査では反対が圧倒的だが、実際に行動に移す人はちっとも増えない。10区の会も再開はしたけれど、必至になって奮闘しているのは休会以前に動いていた同じメンバー数人だけで、「がんばってね」と激励はしても、いっしょに行動してくれる人はなかなかいない。

四月一一日の抗議集会のチラシを地域に配っていたときのことだ。反対派で、ビラ配りのときには必ず「お茶を飲んでいきなさい」とねぎらってくれるおばぁの家で、いつものようにお茶をご馳走になった。私が渡したチラシを見て、彼女は「だぁ、あんたたちが反対するから滑走路が二本になったさぁ。これ以上反対すると三本になるかもよ」と言った。ショックだった。冗談であることはわかったが、こんな悪い冗談しか言えない状況を思い知らされた。

たまたま、おばぁの家に立ち寄っていた近所のおじぃは、沖縄戦の体験者で、かろうじて命拾いしたことを話したあと、「戦争はもう二度とごめんだがよ。戦争を知らない連中はあの苦しみを知らないから（基地に）賛成するんだ。一度（戦争を）体験してみたらいいよ」と投げやりに言った。その後、智佳子さんといっしょに宣伝カーで集会のお知らせに地域を回る予定だったが、すっかり落ち込んでしまった私は、ものを言う元気もないほどだった。しばらく智佳子さんにしゃべってもらったあと、ようやくなけなしの元気を振り絞って宣伝したが、その夜は、地域住民の絶望の深さを思い、それを強いるものへの言いようのない憎しみが込み上げ、なかなか眠れなかった。

四月一一日の抗議集会の参加者を五〇〇人と前述したが、それは主催者発表で、実際はもっと少なかったと思う。それも名護市以外から来てくれた人々を含めてだ。「あんなひどいものが合意された直後だから、もっと多くの人が集まると思ったのに……」「組織の人ばかりで、普通の市民の参加が少ない」などの声が聞こえた。

ある人が私に、「（基地反対運動が）一〇年も経つとこんなになるんですかねぇ。一般の人が近づけないような雰囲気になってしまっているんですね」と言った。彼が非難しているのではなく、胸を痛めていることを感じた。住民運動や市民運動は素朴な怒りや疑問から始まる。みんなが新鮮な思いで動き出す。市民投票運動が始まった頃の名護市民はみんな輝いていた。感動の連続だった。怒りはストレートに表現された。

しかし、ただの市民や住民が運動を続けていくのは簡単ではない。仕事や生活や、それぞれにのっぴきならない事情で、不本意でもやめざるを得ない。疲れ果ててしまう。なんとか続けてきた人はいつの間にか、ただの市民から「運動家」になっていく。もちろんお金をもらっているという意味ではないが、「普通の市民」からは「特別の人」と見られてしまう。「一〇年も経つとこうなる」のは、ある意味でしかたがないとも思える。誰が悪いわけでもない。悪いのは、こんな苦しみを一〇年も強いてきた日米両政府だ。しかし、私たちがどうしても基地を造らせたくないと思うなら、新しい風をどう起こすかを考えなければならないと、つくづく感じた。

恥ずかしい補償金要求

四月一七日、辺野古区が行政委員会で一世帯一億五千万円の一時金と年間二〇〇万円の補償金を要求する（辺野古の世帯数は約四五〇）方針を決めた。以前から出ていた話だが、いよいよ米軍再編の「最終報告」が近付いているとあって、今がはっきり表明する時期だと思ったのだろうか。一億五千万円は、「（騒音などで）辺野古に住むのが耐え難いと思う人はそのお金で移転すればいい」という。辺野古出身のある人は、「恥ずかしくて、辺野古出身と言えなくなったよ」と嘆いていた。

辺野古にだけ取られてなるものか、とでもいうように、二〇日には二見以北一〇区の区長会が、地域全体として六〇億円規模の補償金を求めていくことを発表した。最近は精神衛生上よくないことが多すぎる。

六〇億円という金額は、現在、二見以北に下りている「(基地周辺)地域振興補助金」(地方交付金の傾斜配分)年間六千万円を一〇〇倍したものだとか。この補助金は一〇の各区に分配され(区の人口に応じて若干の増減があり、私の住む三原区は平均より人口が多いため八〇〇万円余り。全額が区の運営費に使われている)、使途は各区に任されている。普天間基地移設に対する反対運動が起こった頃から出ているこのお金が、強制することなく住民の口を封じ、反対運動を弱体化させる役割を担ってきたことは確かだ。

その一〇〇倍というのはどんな根拠があるのか、ただの思いつきにすぎないと思うが、誰かが「いかにも一〇区的みみっちさだね」と苦笑した。辺野古が一億五千万円なら、こっちはもっと被害を受けることが予想されるのだから、「一世帯二億円とか言えば、まだ笑えるのにね。どうせ政府が出すわけないんだし」と、私は返した。

この補償金要求は当の政府から鼻であしらわれ、「自分の足で立て」とまで言われている。

まったく恥ずかしいったらありゃしない。さすがに評判が悪かったのか、一〇区の区長会はまもなく補償金要求を取り下げ、お金ではなく振興策を要求することにした。あとで聞くところによると、一〇区の補償金要求は一部の区長の独走によるもので、必ずしも全区長の合意は得られていなかったらしい。「自分たちだけカネをもらって、基地被害はみんな子や孫に押しつけるなんて言語道断だ」と怒っていた私たちも少しホッとしたが、過疎地の問題や悩みを解決するための振興策は、基地と引き替えにする必要なんかない。堂々と要求すればいいのだ。

それにしても、ここで生活する中で、基地がらみのお金で人々の金銭感覚がどれほどいびつになっているかを痛感させられている。県内各市町村の財政そのものが、基地が直接間接にもたらすお金に絡め取られており、ここから脱却するのは容易ではない。基地による直接の被害にもまして、日本政府がじわじわと長い年月をかけ、人々の精神を蝕んできた罪はさらに重い。彼らはもちろん確信犯だ。ある目的を持って、本人がそれと気づかないくらいの毒を長年に渡って与え続けてきたのだから。これこそが最大の基地被害だと、私は声を大にして言いたい。静かな過疎のムラで懸命に生きる人々の精神の蝕まれようを見るにつけ、私は日本政府が心底憎いと思うのだ。

四月二〇日、10区の会では独自に、市長の合意撤回を求めて名護市との交渉を行った。私たちは島袋市長との面談を要請していたが、どうしても「日程がとれない」ということで末松助役が出席した。

助役が「合意撤回する意思はない」と断言したので、「世論調査によれば名護市民の九〇％近くが新たな沿岸案に反対しているのをどう思うか」と尋ねると、「理解できない」との答え。市民を理解できない人は、市のトップに立つべきではありませんね、末松さん。

私たちが合意撤回要請と同時に出した三つの質問に対して助役は次のように答えた。
①二見以北一〇区を「新沿岸案」の地元として認めるか
→〈答〉計画の内容が不明なので、今後検討していきたい
②前市長時代から要請してきた二見以北での住民説明会を行うつもりがあるか
→〈答〉具体的内容が決まっていないので、説明する段階ではない

4月20日、政府との合意撤回を求めて名護市と交渉（対応は助役）

③普天間基地の実態を知っているか。その被害が名護市民に降りかかってくることをどう思うか

→助役はしどろもどろで、実態を全然知らず、調査もしていないことが判明。実態も知らずに受け入れ、地元住民・市民に被害を押しつける市の態度に怒り、「一〇区に住んでください」という悲痛な訴えに、助役は一言も返せなかった。

私たちは、いずれの答にも納得できず、また、新たな沿岸案によって直撃される地元住民として、それを政府と合意した市長自らが私たちと会って説明すべきだと考え、この日の助役交渉の中で、「市長との面談を求める要請」を改めて文書で行った。

まやかしの「負担軽減」

五月一日、日米両政府は在日米軍再編の最終報告に合意した。これまでも述べてきたように、在日米軍再編は、より効果的・効率的な世界の軍事支配を狙う米軍再編の一環として、米国の世界軍事戦略に日本軍（自衛隊）を組み込むものであり、沖縄だけの問題ではない。全国の米軍基地所在自治体もことごとく怒りの声を上げている。

しかし、その費用三兆円とも言われる日本負担への国民の反発を逸らすためか、在沖海兵

隊八千人のグアム移転費六一億ドル（約七一〇〇億円、全費用の五九％。残りを米国が持つ）の支出が、あたかも「沖縄の負担軽減」のためであるかのように宣伝され、沖縄島中南部の基地の返還や、基地がらみの「振興策」がクローズアップされるため、「沖縄だけが優遇されている」との声が「本土」で出ていると聞くと、やはり「沖縄差別」を強く感じずにはいられない。

海兵隊のグァム移転は米軍の戦略的都合に過ぎず、実戦部隊は沖縄に残るため基地被害は減らないだろうと予想されているし、中南部の老朽基地返還は、名護への基地新設＝北部の軍事要塞化という米軍にとって最高においしいものを得るための厄介者払いに過ぎない。沖縄ではあたりまえのこんな認識を、声を大にして言わなければならないのかと思うと、疲れてしまいそうだが、やはり言い続けなければならないのだろう。

政府と名護市長との合意案に「反対」と言い続けていた稲嶺知事が最終報告後、ついに（残念ながら）、「キャンプ・シュワブ陸上部に暫定的なヘリポートの建設」を打ち出した。今のところ、政府がこの提案を受け入れる兆しはないが、普天間飛行場の危険を除去するための暫定措置と言っても、もし造られれば固定化・拡大され、結果的には合意案を受け入れることになりかねない。そもそも地元住民としては、「暫定ヘリポート」の騒音や危険性だってまっぴらゴメンだ。稲嶺知事は今期限りの引退をほのめかしているのだから、今年一一月の任期終了まで、県民に支持されている「反対」を貫いて欲しかった。
私は、いまこそ、全県民が一丸となって普天間基地の撤去運動に力を注ぐべきだと思っている。「世界一危険な基地」が存在すべきでないことは世界常識であり、一日も早く宜野湾市民を騒音地獄と墜落の恐怖から解放すべきだ。伊波宜野湾市長は、訓練の分散移転によって、それは明日にでも可能だと言っている。普天間基地がなくなれば、当然、「代替施設」も必要なくなる。名護市民は賛成・反対でいがみ合わされる苦しみからも解放されるのだ。そのためにも、一一月の県知事選挙で、県民の願いを体現する知事をぜひとも誕生させたいと願っている。

（二〇〇六年五月九日）

【付記】五月一一日、稲嶺恵一沖縄県知事は「政府案を基本に」することで日本政府と合意し、確認書を交わした。どうひっくり返しても「政府案受け入れ」としか読めない（小泉首相は「受け入れに謝意を示した」と報道もされている）この合意を、知事は「容認ではない」と言い張っているが、裏切られた県民の怒りは大きい。

依存と自立の葛藤の中で

「基本確認書」の真っ赤なウソ

稲嶺恵一沖縄県知事が額賀福志郎防衛庁長官と「在沖米軍再編に係る基本確認書」に合意した（五月一一日）翌日の一二日午前、私は県庁六階の知事室につながる廊下に座り込んでいた。前夜、「基地の県内移設に反対する県民会議」から緊急抗議行動の呼びかけがあり、とるものもとりあえず駆けつけたのだ。

知事との面会を求める三〇人余の県民に対して、県当局は知事も副知事も不在だと拒否したが、「連絡を取って欲しい。会えるまで待つ」と座り込む私たちに根負けしたのか、牧野浩隆副知事が会うことになった。副知事室を埋め尽くした県民が注視するなか、牧野副知事は「（政府と）協議していくことに合意したのであって、政府案を容認したわけではない」「県と政府のスタンスは違う」と弁明に努めたが、「政府は容認したと受け取っている」という追及には答えることができなかった。

消化不良の残る私たちは、知事本人との面会を改めて求めることを伝えて、県庁を後にした。

合意された「基本確認書」を読めば読むほど怒りが込み上げてくる。在沖米軍再編があたかも「沖縄の負担軽減」と「普天間基地の危険除去」のために行われるかのような詭弁がちりばめられているからだ。

全国民向けには、三兆円もの国税を使って米国の世界的な軍事支配を支える日米軍事一体化を「沖縄の負担軽減」のためと偽り、沖縄県民向けには、米軍が四〇年前に計画しながら資金不足で棚上げにしていた軍事要塞を日本のお金（国民の血税）で造ってあげることを、「普天間基地の危険除去」のためとごまかしている。ベトナム戦争中の一九六六年に策定された米海軍マスタープランが、場所や規模といい、飛行場と軍港を兼ね備えた機能といい、今回の沿岸案と酷似していることが明らかになっており、これはテレビ朝日系列で全国放送もされた。「基本確認書」がいくら言い繕おうと、実際は全く逆に、いっそうの負担と危険を沖縄に押しつけるものにほかならない。

政府は、在日米軍再編を推進するための特別措置法を検討している。再編の進行に応じて段階的に交付金を増額していくという。この、あまりにも露骨なやり方を、『沖縄タイムス』の社説は、「アメ攻撃」をはるかに超えた「モルヒネ攻撃」だと断罪した。

モルヒネ効果？の振興策要求

そのモルヒネ効果が早くも現れてきたのか、わが二見以北でも異様な動きが目立ち始めた。前述したように、二見以北一〇区全体で六〇億という補償金の要求は、住民の反発が強く、区長らはその後、これを取り下げた。しかし、その代わりに「二見以北地域振興会」（以下、振興会と略）という組織による振興策要求の動きが起こってきた。同会は、会長である田畑一茂・瀬嵩区長の説明によれば、二見以北一〇区の各区から二一人ずつ（区長＋一人）で構成されているというが、一般住民はほとんど知らない。

振興策要求の動きに拍車をかけたのは知事と政府・防衛庁の「基本確認」だった。振興会では、地域全体としての要求に各区からの要求を加えたものを政府に要請することにしていたが、知事と政府が合意した一一日の夜、急いで（あわてて）話し合いを持った区が多かったようだ。私の住む区では、部落常会（戸主もしくは各戸代表の集まり）ではなく区政役員会で話し合ったらしいので、役員でない私には詳しいことはわからないが、「知事が（基地を）受け入れたので、今後は条件闘争をやるしかない」という雰囲気だったと聞く。県当局がいくら「政府案容認ではない」と弁解しても、政府はもちろん地元でも容認したと受け取られているのだ。

いくつかの区で提案された振興策の内容を見てみると、区内の道路や橋の補修など、およそ防衛庁には関係のない細々した要求や、リゾートホテルの建設（すでにこの地域には大型リゾートホテルが存在しているが、基地ができたら営業不可能になるのではないかと心配されている）だの大型ヨットハーバーの建設だの、笑ってしまうような要求が多い。この際、何でもいいから要求してしまえ、どれかは当たるだろうということなのか。日本政府がばらまいた悪性ウィルスによる熱病に浮かされているとしか思えない。

あとで聞いたところによると、ほとんどの区の役員会で振興策要求には賛否が分かれ、部落常会で話し合われた少数の区では、区民から「恥ずかしい」「命にかかわることを軽々に決めるべきではない」「絶対に（振興策要求のために）上京するな」等々、非難と抗議が渦巻いたという。「区民の総意ではない」ことを確認した区もあった。

「基地反対」が住民の総意

二見以北の区長らが振興策要求を持って防衛庁へ要請に行くらしいという情報を得た私たち「ヘリ基地いらない二見以北10区の会」では、この動きに歯止めをかけようと、振興会および各区長宛てに次のような要請文を作り、五月一八日に田畑・振興会会長に申し入れることにした。

代替施設建設に伴う振興策を要望しないでください

二見以北の地域振興に向けたご尽力に敬意を表します。

さて、このたび、二見以北において、日本政府に対し普天間代替施設建設に伴う振興策の要望書を出される動きがあると聞いておりますが、これは以下の点からきわめて不適切であり、提出されないよう申し入れます。

1　基地建設反対が二見以北住民の大多数の願いであるにもかかわらず、移設に伴う振興策の要望は、基地受け入れと誤解されるおそれがある。

2　二見以北各区住民の中で充分な論議が行われていない。「恥ずかしい」と怒っている住民も多く、地域の総意ではない。

3　過疎化・高齢化の進む二見以北の課題を解決する施策や、必要な地域振興は、当然の権利として各所轄機関へ要求すべきものであり、基地と引き替えに防衛施設庁へ要求すべきものではない。

4　二見以北地域振興会は任意団体であり、地域全体の総意と受け取られかねない要望書を出すのは不適切である。

なお、代替施設建設にあたって名護市、沖縄県および日本政府で使用協定を締結するよう要請するとも聞いておりますが、基地を使用するのは米軍であり、上記三者で使用協定を結んでも意味がないこと、また、たとえ米軍と使用協定を結んだとしても、米軍がそれを守る保証はなく、地域住民は騒音地獄と事件・事故の恐怖にさらされることを申し添えます。

ところが、翌日の申し入れの準備を整えた一七日夜、区長らがその日、すでに上京してしまったことがわかった。名護市の職員が同行したという。二見以北の区長らはもう少し後で上京する予定だったようだが、閣議決定を前に地元の同意を取り付けたい政府と名護市がお膳立てをして、急いで連れて行ったと思われる。出し抜かれてしまった私たちは、申し入れの予定だった一八日朝、急きょ、次の抗議声明を出した。

【抗議声明】

代替施設建設に伴う振興策を政府に要請した区長らに抗議し、撤回を求めます

五月一七日夕刻、代替施設建設に伴う振興策を政府に要請するために二見以北の一部の区長らが上京したことがわかり、私たちは大きなショックと怒りを覚えています。

二見以北地域振興会による振興策要望については、各区において反対や、もっと論議が必要だとの声が上がっており、区民の総意ではないことを確認した区もあります。そのような住民の意思を受けて、私たちは二見以北地域振興会および各区長に対し、別紙のような申し入れを行おうとしていた矢先の上京でした。

一〇区がまとまらなければ要請しないと聞いていたにもかかわらず、反対や疑問の声をすべて押し切って見切り発車したのは、区民をないがしろにし、二見以北住民は基地を受け入れているという誤った認識を日米両政府に与えるものです。子や孫の命を担保にして振興策を要求することは絶対に許されません。

要請した区長らに厳しく抗議し、速やかな撤回を求めるとともに、今回の要請は、要請団に加わらなかった区長らを含め二見以北住民の総意ではなく、基地建設反対が地域の総意であることを改めて表明します。

翌一九日、各区を回って、抗議声明文に、出しそびれた要請文を添えて区長に届けた。一〇人の区長のうち直接会えたのは四人だった。彼らと話す中で、実際に上京したのは五人だが、政府への要請書には全員が署名・捺印していたことがわかった。区民から抗議されて上京を断念した区長もいたが、署名は取り消さなかったわけだ。区長らは異口同音に、「政府が建設を強行したときの担保として振興策を要求したのであって、基地にはあくまで反対だ」と主張した。

「役員会では全員一致で基地反対を確認した。その上で振興策要求について話し合ったが、要求を出すことについては賛否が半々だった」と、ある区長は語った。この区長は上京団には参加していないが、では、なぜ署名したのか。それぞれの思いが「基地反対」であったとしても、客観的に見れば、閣議決定前に「地元が受け入れた」という形をとっておきたい政府に利用され、「基地容認」「基地の見返りとしての振興策要求」という誤ったシグナルを送ったことは否定できない。

繰り返しになるが、むろんこれは地域住民の総意ではない。地域住民と地域リーダー、市民と市長、県民と知事の間には明らかなねじれ現象がある。大小の権力に負けず、住民・市民・県民の意思をどうやって表現し、実現していくのかが問われていると思う。

閣議決定を廃止に追い込もう

五月三〇日、在日米軍再編に関する閣議決定が行われた。日米の「最終報告」を追認するもので、具体的な内容はほとんどない。自治体を含む地元の同意が得られていないため実行可能性に乏しいと、県内マスコミは冷ややかに報道した。県知事も名護市長も、閣議決定に基づいて政府が設置する協議会には参加しない方針だと述べた。彼らをそうさせているのは、政府との合意に強く反発する県民・市民の圧倒的な世論だ。政府は「合意」したはずの知事や市長が思うように動いてくれないことに苛立ちを見せ、知事の「二枚舌」をなじる高官も出てきた。

今回の閣議決定の中で、一九九九年の辺野古沖軍民共用空港に関する閣議決定を廃止することが明言された。県知事と名護市長が受け入れたあの時の閣議決定すら、私たちは現場のたたかいと、それを支える世論の力で廃止に追い込んだのだ。その実績を踏まえて、今回の閣議決定も、ねばり強い反対運動と広汎な世論によって必ず廃止させることができると確信している。

海の神さまに祈る（ユッカヌヒー）

閣議決定のあった五月三〇日は旧暦五月四日だった。沖縄ではユッカヌヒーと呼ばれ、各地で豊漁と海の安全を祈願するウミンチュ（海人＝漁師）の祭りが行われる。沖縄ウミンチュの代名詞でもある糸満をはじめハーリー（舟漕ぎ競争）が行われるところも多い。競争と言っても、最初に必ず「御願《うがん》バーリー」をやるように、本来は海の神さまに感謝と願いを込めて捧げる儀式なのだ。

辺野古沖ボーリング調査を止め、政府に軍民共用空港建設を断念させる大きな力となったのは、近隣ウミンチュの海上阻止行動への参加であり、その中心が、辺野古海域に隣接する海で漁業を営む宜野座のウミンチュだった。彼らの集う宜野座漁港でもユッカヌヒーの儀式を行うので来ないかと誘われ、見学に行った。

夕方五時、海上行動で知り合った懐かしい顔ぶれの混じるウミンチュたちが、漁港を見下ろす高台にある「龍宮神」の祠《ほこら》前に集まった。一人ずつ、火をつけた線香を立てて祈る。私にも線香が手渡された。「この海がいつまでも豊かで、美しいままでありますように」と祈りながら手を合わせた。

この「龍宮神」は実は、もともとは海沿いにあったのを、漁港や道路の整備によって埋め立てられるため移転したものらしい。現在の漁港が造られる前は、真っ白い砂浜と磯を持つ複雑で美しい海岸線が広がっていたという。手漕ぎのサバニ（木造の小舟）で漁をしていた時代からエンジン付きの大きな船に移ってくると、どうしても漁港が必要になる。開発を否定する気は毛頭ないが、海の神さまはどう思っておられるのだろうと気になった。龍宮神の祠のある高台ではちょうどソテツの雄花が真っ盛り。天に向かって立つ黄金色の花が港を見下ろしていた。

次に港へ下り、船揚場から海に向かってみんなで祈る。ウミンチュ集団の前には塩と米を

港を見下ろして咲くソテツの雄花

混ぜたものが三ヶ所に置かれ、その真ん中に火のついていない線香が置かれている。ウミンチュの一人が波打ち際まで行って、お酒（泡盛）を海に注いだ。祈願のあと、塩と米を各自がビニール袋などに入れて持ち帰る。それぞれの船に置いておくのだという。

宜野座漁港のハーリーは近年、ユッカヌヒーでなく五月の「モズクの日」にやるようになっているが、今年は大雨による赤土流出でモズクがダメになり、行事を取りやめた。モズクは宜野座漁港

宜野座漁港の龍宮神

の主要産物なので、打撃は大きかった。その後、少し持ち直したが、このところの長雨でまた影響が出ていると話していた。自然相手の仕事はほんとうにたいへんだ。

　それでも、儀式のあとに出た海の幸満載のご馳走は豪華だった。ウミンチュたちが数日をかけ、目の前の海で捕ったものだという。刺身、生ウニ、魚の唐揚げ、サザエの壺焼き……。海の物が大好きな私は思わず唾を呑み込んだ。海を見ながらおいしい魚や貝をいただくのは

上＝海に向かって祈る。
中＝泡盛を海に注ぐ。
下＝船揚場から海を望む

至福の時だった。
もう一度、「この海がいつまでも豊かで、美しいままでありますように」……。

テーブルいっぱいに並んだ海の幸

赤瓦御殿の憂鬱

今年の沖縄の梅雨は強烈だった。梅雨入り（例年は五月の連休頃）はいつもより遅く、梅雨明けも早かった（例年は、沖縄の「慰霊の日」である六月二三日前後）が、その間の降り方は尋常ではなかった。よくも、こんなに降る雨があるものだと感心するくらい、激しい雨がほとんど休みなく降り続いた。わがプレハブ・マイホームは、トタン屋根に打ち付ける雨音で電話も聞こえないほどだった。

わが家の被害は雨漏り程度ですんだが、沖縄各地で地滑りや土砂崩れが相次ぎ、住居が壊れたり、危険で住めなくなって避難する人々が相次いだ。県民に飲料水を提供しているダムの水はどこも満杯となり、今年は渇水の心配はなくなったとはいえ、自然の恵みとともに脅威を見せつけられる思いがした。自然はそのようにして、私たち人間に反省を促しているように思われるのに、人間はどうして、こうも鈍感なのだろう……。

六月一七日、私の住む集落で公民館の落成式と祝賀会が盛大に行われた。御殿のような赤瓦屋根の立派な建物が梅雨明けの青空の下で輝いている。しかし、それを眺める私の胸は晴れなかった。その日、私は仕事のため参加できなかったが、那覇防衛施設局長が式典の来賓挨拶の冒頭に立つことを案内状で知っていた（仕事がなければ出席して、施設局長に皮肉の一つでも言ってあげたいと思っていたのに……）。

公民館と防衛施設局との不思議な（あるいは、いかがわしい）関係が生まれたのは、それがSACO（日米特別行動委員会）関係特定防衛施設周辺整備助成補助事業として防衛庁予算で建設されたからだ。一九九七年、名護市東海岸に降りかかってきた米軍基地新設計画に対して、二見以北一〇区は各区の区長たちを先頭に、地域ぐるみの反対運動に立ち上がった。政府および基地受け入れに傾く名護市は、これを何とか抑え込もうと、さまざまな手段を使ってきたが、その一つが、国の九割補助による公民館建設だった。

こうして、この七〜八年の間で、一〇区のうち六区に同様の立派な公民館が建てられた。政府が投入した金額は約四億五千万円。そのほか、過疎化・高齢化の進む二見以北住民が長年、要求してきたのに叶わなかった地域内診療所も、SACO交付金事業として、あっという間に建設された。

さらに、前述したように、九七年から、名護市は地方交付税の基地関連経費の傾斜配分として、二見以北全体で毎年六千万円を交付している。私が密かに「口封じガネ」と呼んでいるこの「地域振興補助金」は、各区に分配され、主に区の運営費（区長や区役員の報酬、行事の経費など）に当てられている。

公民館建設も地域振興補助金も「新基地建設とは関係ない。現在ある基地（キャンプ・シュワブ）の迷惑料だ」と名護市は説明し、区長たちもそれを確認したと言う。しかし、新しい立派な建物が増えるにつれて、地域の雰囲気は確実に変わっていった。区長たちの口は重く、動きは鈍くなり、反対運動が目に見えて冷え込んでいくのを、私は肌で感じてきた。

明らかに基地の見返りでしかないこれらが、少しでも「地域振興」に役立ったのならまだいい。実際は、立派な公民館は光熱費だけがかさみ、ぜいたくな設備はどこの区でもほとんど有効利用されず、もてあまし気味だ。また、従来、自分たちで出し合ったわずかな資金で区の自治運営を行ってきたのが、上から降ってくる潤沢なカネでぜいたくすることを覚え、それが七〜八年も続くと、もう元には戻れなくなる。私が以前に住んでいた区でも現在の区でも、補助金が打ち切られるのを危惧する声を聞いたし、カネによって自治の精神が蝕まれ、金銭感覚が歪んできているのを感じないわけにいかない。

ＳＡＣＯ関連で建設された公民館は、実は公民館ではなく「地区会館」という名称になっており、所有権も区ではなく名護市にある。もともと公民館は集落自治の象徴であり、地域文化を育む要であった。基地の見返りのカネによって、自治の伝統そのものが確実に壊されていく。私の胸の暗雲は増すばかりなのだ。

「物食《むぬく》ゆすど、わー御主《うしゅう》」の革命精神

『沖縄タイムス』が六月一一日から「脱基地のシナリオ　第二部　振興策　光と影」と題する連載を行っている。基地の維持や新基地建設のための「振興策」として、沖縄にはこの一〇年間で二千億円以上の国費が投入されたという。それが「地域に何をもたらし、何を失わさせたのか、現場から報告する」もので、今日（七月一五日）現在で一九回を数える。

その第一回目は「『逆格差論』の挫折」という象徴的なタイトルで、若き日の故・岸本建男前名護市長の理想であった「逆格差論」（七〇頁参照）が「現実」という壁の前で挫折し、基地新設受け入れに伴って四〇〇億円の国費（北部振興策、国立高専の設置など）が投入されるなど、国への依存をいっそう深め、自立への展望を見失っていったと報告している。

自ら提唱した「逆格差論」を自ら裏切ったのが岸本さんだと、私はついこの間まで思っていた。しかし最近、彼一人の責任ではないと思うようになった。どんなにすばらしい理想を掲げても、市民がそれに背を向けていたり、無関心だったのでは、理想に向かって歩むことはできない。復帰直後、名護市の誇りであったにもかかわらず、今は暗い倉庫で埃をかぶっ

ている「逆格差論」を倉庫から引っ張り出し、もう一度、陽に当てる必要がある。基地への依存症、国への依存症から名護市を立ち直らせ、自立への道を切り開いていくために、今こそ市民一人ひとりが智恵を絞るときだ。

沖縄に「物食ゆすど、わー御主」という言葉がある。「食べさせてくれる人が私の主人だ」という意味だ。物やカネに弱い「乞食」根性を表す言葉として否定的に、あるいは自虐的に使われることが多い。しかし先日、これはもともと、「民を飢えさせるような主君は主君にふさわしくないから、反逆してもいい」という革命精神を表す言葉だったと聞いて、目から鱗が落ちた。

現在の沖縄では、食べ物がなくて飢えることはほとんどないが、民の願いや意思と権力者の意思がねじれていることがあまりにも多い。民の願いを実現できない権力者に反逆する権利を、私たちは持っているのだ。

（二〇〇六年七月一五日）

ご先祖さまも見ている

一票差に泣いた名護市議選

まさかの一票差だった。

統一地方選挙の一環として二〇〇六年九月一〇日に行われた名護市議会議員選挙。新たな基地建設に反対する地元住民の声を代表して立候補した「ヘリ基地いらない二見以北10区の会」の仲間・東恩納《ひがしおんな》琢磨さんは、わずか一票差で次点に泣いた。一〇年間、足蹴にされてきた住民の願いや思いを、なんとか市政に届けたいと、私たちは、応援というより自分のこととして、仕事も生活もなげうって選挙戦をたたかったが、あと、ほんの数ミリのところで届かなかった。

私は、名護市選挙管理委員会から開票立会人に選任され、生まれて初めての貴重な経験をしたが、票の開き具合が手に取るようにわかるだけに、二度とやりたくないと思うほどつらかった。その様子については後述したい。

隠された争点＝基地問題

すでに報告したように、〇六年二月に就任した島袋吉和市長は、一ヶ月も経たないうちに選挙公約であった「沿岸案（米軍・普天間飛行場の辺野古・大浦湾沿岸部への移設）反対」をいとも簡単に投げ捨て、「V字型滑走路を持つ沿岸案」を政府と合意した。怒った市民から「市長リコール」の声が上がったが、就任後一年間はリコールができない。それをよいことに、政府は名護市長を利用して基地建設に向けた準備を着々と進めつつある。

そんな中で行われた今回の名護市議会議員選挙は、市長や市議会多数派が大多数の市民の意思と反対の行動や意思表示をするという、ねじれ現象を解消する好機であった。市民の声を反映する市議会に生まれ変わらせることができれば、市長の姿勢を正し、正せないならリコールに持っていける。立候補した三二人のうち、現市長の与党が一七人、野党が一五人と見られていた。名護市議会二七議席（従来の三〇人から三議席削減された）の過半数である一四人、つまり野党のほぼ全員が当選しないと市議会は刷新できない。「野党全員当選」が私たちの目標だった。

一般市民の感覚では、現在の名護市の最大の課題は基地問題と深刻な財政危機。基地がらみの「振興策」に依存すればするほど財政危機は深まり、このまま行くと「死に至る病」になりかねない。その意味ではこれも基地問題の一部だ。当然にも選挙の争点は基地問題……と思いきや、現実はそうではなかった。少なくとも表面上は。

争点がはっきりしないだけでなく、選挙が近付いていても、町は異様なほど静かだった。それは、同様に議員選挙が行われる他の市町村と比較すれば歴然としていた。政治活動の街頭宣伝もポスターの貼り出しなども極端に少なく、市民の中には選挙があることすら知らない人も少なくなかった。立候補予定者のうち新人が与野党合わせて六人いたが、誰かが「これは意図的な新人つぶしではないか」と言った。一定の支持基盤を持つ現職議員たちが早くから、表面には出ないが支持者回りなど水面下での活動を活発化させているのに対し、新人たちはまず、市民への自己宣伝を行う必要があるからだ。

しかし、多くの候補者が基地問題にあえて触れないのは、それが、触れれば激痛の走る「腫れ物」、爆発するかもしれない「爆弾」だからであり、最大の争点であることに変わりはない。「爆弾」を抱え込まされた名護市民は、長期間それに振り回されてきた疲れもあり、見て見ぬ振りをしたいという気分が強いのは確かだが、避けて通れない問題であることも知っている。基地問題に触れたくない政治屋（と、失礼ながらあえて言っておこう）どもとは逆に、市民の多くは基地問題をしっかり語って欲しいと思っていたはずだ。

野党候補者の中でも基地問題を真正面から取り上げていたのは片手で数えられるほど。うち東恩納さんを含む三人が、私たち10区の会もその一員であるヘリ基地反対協議会の仲間たち（二人は新人、一人は前職）だった。

地元の声を市政に届けたい

実をいうと私は、いっしょに基地反対運動をしてきた東恩納さんが市議選への立候補を決意したと聞いた当初、正直に言ってあまり乗り気ではなかった。一〇区の区長会が推薦しているという人の名前がすでに人々の口に上っていたからである。

二見以北一〇区は名護市東海岸の中でも過疎化が著しく、一〇の集落を合わせても有権者は八〇〇人ほど。地域ぐるみの選挙をやっても、地域の票だけでは当選は難しいと言われている。まして二人も出れば、共倒れ間違いなし、というのが常識だ。過疎と貧しさに付け込むように押し付けられてきた基地問題に対し、二見以北の住民は各区の区長たちを先頭に一丸となって反対に立ち上がった。長年の疲れや、基地を受け入れさせるためのさまざまな政策（防衛庁予算による公民館建設ラッシュ、「地域振興補助金」など）によって反対運動が冷え込んできているとはいえ、地域の総意は「基地反対」に変わりはない。区長会が推薦する人がきちんと「反対」を言ってくれるなら、あえて地域を二分するようなことはやりたくないと思った。ただでさえ基地問題で、この地域は複雑に引き裂かれているのだから。

しかし状況はそう甘くなかった。すでに報告したように、何とかして「地元は基地を受け入れている」という形をとりたい政府と、それに歩調を合わせる名護市に促され、二見以北一〇区の区長会は条件付き賛成と見なされる「振興策」要求の行動に出た。それは、二見以北住民の大多数の意思とはうらはらのメッセージを送るものだった。

区長会の推薦する人が、このような彼らの意思を担っていることがはっきりしてきた。本人と直接話し合ってもみたが、しっかりした基地反対の姿勢を持っているとは言い難かった。辺野古の現職議員は明確な基地賛成派であり、彼は今回も当選確実と思われている。このままでは、基地建設の地元である東海岸から、住民の総意である「基地反対」の声を市政に届けることはできなくなるという危機感が募った。こうして、私を含む10区の会のメンバーは、東恩納さんの決意を支持することにしたのだった。

さまざまな圧力に抗して

そうして動き出した私たちを、さらに厳しい状況が待っていた。「反対派」が当選すれば「振興策」が来なくなると恐れたのか、区長らをはじめ地域有力者たちのあからさまな、あるいは陰にこもった圧力を、ひしひしと感じないわけにはいかなかった。選挙とは無関係の、賛成・反対以前にまずは基地について知ろうと、普天間基地を抱える宜野湾市基地政策部の次長さんを招いて話を聞いた、地域子ども会主催の「勉強会」に対してすら、区長が会場入口付近で参加者をチェックし、事前に「参加しないように」と言われた人もいることが、あとでわかった。

区長らの推薦する立候補予定者の正副後援会長や後援会役員に、一〇人の区長全員が名前を連ねていた。その集まりには、不本意ではあっても参加せざるをえないと言う人が多かった。私は近所の人に、「東恩納さんを応援しているし、必ず票は入れるけど、表立っては動けないよ。区長に見張られているから」と言われた。「どうせ二人とも落ちるから、票を無駄にしないよう別の人に入れた方がよい」と宣伝して回る人がいるという話も聞いた。

区長らの動きが、単に彼らだけの意思であると思われないところが不気味だった。そこにはもっと大きな力が働いているような気がした。八月一八日、来県中の額賀防衛庁長官は、辺野古に隣接する豊原区の公民館(「北部振興策」による立派な建物)で「地元住民」(といっても一般住民ではなく、二見以北を含む一三区の区長・区政役員ら)と、泡盛を酌み交わしながら「親しく懇談」し、宿泊設備がないにもかかわらず、あえて公民館に泊まった。そのときに「おみやげ」として、政府の意図に添う市議選立候補予定者らに対する選挙資金を持ってきたと、まことしやかに言う人もいた。

圧力がかかっているのは私たちだけではなかった。名護市街地に拠点を持つある現職議員の場合はもっと露骨だ。彼はいわゆる反対派ではない。安保も基地の存在も認める保守派だが、日本政府のあまりの理不尽や市長のデタラメさに対してはきちんとした批判をしてきた。現在の沿岸案には反対で、島袋現市長に対して野党の立場に立つ。そんな彼の（保守にあるまじき?）言動が、名護市民投票の結果を踏みにじって基地を受け入れ、辞任したあとも「院政」を敷いていると言われる比嘉鉄也元市長の逆鱗に触れ、前回選挙では、ありもしない「女性問題」などの誹謗中傷をばらまかれ、「必ず落としてやる」と、身の危険も感じるさまざまな脅しや嫌がらせを受けた（彼の支持者が逆に発憤して上位で当選）という。今回は、前回に勝る妨害や圧力で、後援会事務所への出入りも減っていると聞いて、怒りが込み上げた。

基地反対・「ジュゴンのまち」づくりを訴える

辺りを見回さなければものも言えないような地元の空気を変え、誰もが堂々と「基地反対」と言えるようにするためにも、なんとか当選したい。私たちは、地元だけでなく名護市民全体に東恩納さんの政策を浸透させる宣伝活動に力を入れた。市街地に隣接する新興住宅地には新しいアパートなどが次々と建ち、新住民が増えている。彼らをはじめとする浮動票をどれだけ掴めるかが鍵だと考えたからだ。

主な基本政策は、名護市への新たな基地建設に反対し、基地に頼らない地域おこし・街おこしをめざす。ジュゴンの住む名護市周辺の海（東海岸でも西海岸でもジュゴンの生息が確認されている）をジュゴン保護区にし、名護市を自然環境を保全する「ジュゴンのまち」として世界に発信する、などだ。

東恩納さんは、基地に反対するだけでなく、生まれ育った瀬嵩《せだけ》（二見以北一〇区の一つ）で、地域の豊かな自然を活かした「じゅごんの里」づくりに取り組み、実績を上げつつある。大浦湾でのカヌー体験をはじめとする自然体験ツアーを中心に、地域の内と外を結んで地域の可能性を引き出そうとしている。ふるさと瀬嵩、ふるさと名護市をこよなく愛する彼の

ジュゴンのバルーンを先頭に集落内を練り歩く

通過する車に沿道から訴える（瀬嵩集落前）

思いを込めて、「ふるさとは宝」をキャッチフレーズに掲げた。

　彼はまた、辺野古・大浦湾海域を主な生息域とする国際保護動物・ジュゴンの保護活動に尽力し、IUCN（国際自然保護連合）の世界会議に出席したり、米国の市民グループや弁護士の支援を受けて米国法廷で争われているジュゴン訴訟（米軍基地建設によって絶滅が危惧されるジュゴンに対する米国政府の責任を問う訴訟）の原告として、国際的にも活躍している。そんな彼の活動を報告した新聞記事なども織り込んで、私たちは宣伝活動に奔走した。

　選挙のどしろうとである私たちが、地縁・血縁など、がんじがらめの人間関係の中でガチガチに固まった票を崩していくのは並大抵ではなかった。電話作戦をやった人は、かけるたびに「もう決まっています」と言われ、落ち込んだ。浮動票と言っても雲を掴むようで、反応の鈍さに不安が募った。

　それでも、告示後、本格的な選挙運動が始まると、市民の反応がだんだん目に見えるようになり、また二見以北の地域でも、瀬嵩公民館前で行った東恩納さんの決起集会に椅子もテーブルも貸さないという区長の「意地悪」に憤慨したり、区長らの締め付けに反発する住民たちが動いてくれるようになり、上昇ムードが出てきた。候補者を先頭に、ジュゴンのバルーンや「ふるさとは宝」の幟を掲げて集落内を練り歩く私たちに拍手と声援が飛び、「当選」の希望が見えてきたような気がした。

市議選で見えてきたもの

しかしながら、結果は冒頭で述べた通りだ。一票差のショックがあまりにも大きく、選挙運動に全力を出し尽くしたため、しばらくは虚脱状態だったが、組織も基盤もない新人が、立候補の決意からわずか二ヶ月で、よくここまで健闘したという評価、激励が続々届いており、まさにその通りだと思う。

選挙中はみんな遠慮してものを言わなかったが、選挙後、「悔しくて幾晩も眠れなかった」と自ら言ってくる人の多さに、いささか驚いている。それだけ、多くの人が自分の問題としてとらえてくれていたということだ。それがわかっただけでも、この選挙はやった意味がある。

ショックで私が寝込んでいたとき、いつもは郵便受けに入れて行くだけの郵便配達の男性が、わざわ入口から顔を覗かせて「東恩納さん、残念でしたね。うちは四票あるので、他の人にも票を分けたんですが、分けなければよかった」と悔しそうに言った。そんな地域の人たちの思いに応えるために、東恩納さん本人も、彼が獲得した七二八票の貴重さを噛みしめつつ、これをバネに、心を新たにして基地をつくらせないたたかいに取り組んでいくと語っている。

とはいえ、二七人の当選者の顔ぶれを見ると、名護市の近未来は決して明るくはない。選挙前に予測された野党一五人中、当選は一一人。しかも、そのうち三人が与党に鞍替えしてしまったので、野党は八人に減った（ヘリ基地反協の仲間二人と前述の市街地出身議員も当選し、この中に入る。前回トップ当選したYさんが最下位落選したのは信じられないほどショックだった）。対する与党は一九人。市政刷新の希望は遠のいた。投票率は七四・〇六％で、史上最低という。問題はますます深刻になるのに、無関心層の増える市民にも責任がある。

二見以北一〇区の半数を占める五区の住民が投票した名護市久志支所会場での投票率は、名護市全体（一七投票所）の中で最低の四九・五四％。市街地（旧名護町）と比べて地縁・血縁が濃く、それが投票率の高さに結びつく旧村部（名護市は一九七〇年、五つの町村が合併した市。市街地の投票率約五〇％に対し、他の旧村部は六〇％以上）にしては驚くほどの低さだ。区長らの有形・無形の圧力で、選挙に嫌気がさした人が多かったのかも知れない。ちなみに、国立ハンセン病療養所・沖縄愛楽園の投票率が七七・三九％と最高値を示しているのは、入所者の方々の政治意識の高さを示すものだと思う。

さらに驚くのは、期日前投票率の異常な高さだ。総投票数三二、四八五に対し、期日前投票数が八、二七二。なんと二五％以上である。名護市では、一九九七年の「海上ヘリポートの是非を問う市民投票」以降、選挙のたびに企業ぐるみの事前投票が繰り返されている。それはエスカレートする一方だ。勤務時間中に会社の送迎車で（弁当や謝礼が出るところもあるといううわさだ）連れてこられれば、よほどの意思を持たない限り自由な投票は望めない。

期日前投票の立会人を何度か続けている知人が、「ものすごい数が投票所に並んでいるのを毎日見ていると、気が変になりそう。企業ぐるみもそうだし、自分の意思がある人ならいいけど、施設の入所者たちをごっそり連れてきて、意思のない人たちに書かせてしまう。いったい選挙って何だろう、民主主義って何だろうと自問を繰り返して、ストレスが溜まる一方だ」と嘆いていた。

一〇区の区長会が推した人は二六位（八〇〇票余り）で当選した。彼は市長の与党ではあるが、地元紙の問いに答えて「新たな基地建設には反対する」と言っているのが救いだ。そこには、無視できない地域住民の意思が働いていると思う（残念ながらその後、彼は区長らの圧力を受けて発言を撤回した）。

開票立会人を体験して

選挙報告の最後に、冒頭で触れた私の開票立会人体験について書いておきたい。

名護市議選の開票立会人は一〇人。各候補者が推薦した人のなかから選挙管理委員会が抽選で選ぶ。開票立会人は、疑問票や案分票など最後の一票が確定するまで立ち会うから、

「夜中の一時、二時までかかるよ」と聞いていたが、候補者は三二人もいるのだから、どんな籤にもおよそ当たったことのない私はおそらく当たらないだろうと高をくくっていたのに、なぜか当たってしまったのだ。選任された以上は、滅多にない人生経験を楽しもうと思った。世にも苛酷な体験が待ちかまえているとも知らず……。

九月一〇日投票日の夜。投票箱が閉まる午後八時、つまり開票一時間前に開票所である名護市民会館中ホールで、開票立会人への説明会が始まった。「あなた方は公益の代表者であるので、その自覚を持って欲しい。午後九時に開票が始まったら、トイレも含めて一切出入り禁止。すべての開票作業が終わるまで外との連絡はまかりならん」と、選挙長から告げられる。夜中過ぎまでかかるのに、トイレも我慢せよとは人権侵害だと、一〇人が声を揃えて抗議して、トイレだけは行けることになった。「但し、トイレで携帯電話をかけてはいけませんよ」（他の自治体で立会人をやった知人が言うには、「そんなのはまだいいほうだ。自分たちは鞄も一切持ち込み禁止。ポケットの中も調べられ、靴下も脱がされた」とのこと）。

午後九時、開票作業が始まった。まず、期日前投票所を含む一八の投票箱の鍵がきちんとかけられているかを一〇人の立会人が歩きながら確認したあと、鍵が開けられ、投票用紙が台の上に移される。投票箱が空になり、中に何もないことを確認するため、係員が空の投票箱を立会人に見せに来る。会場の外には開票速報を告げる電光掲示板が準備され、各候補の支持者たちが詰めかけているのが、ガラス越しに見えた。

三万二千票余りが載った広い台を、開票作業のために動員された多数の若い男女（市の職員の若手や学生アルバイトもいるようだった）がいっせいに取り囲み、投票用紙を混ぜ合わせる。どこの投票所のものか特定できないようにするためだ。次に、候補者名をア行、カ行、サ行……で大まかに分けていく。

次の段階で、票は候補者ごとに分けられる。それを、機械にかけて一〇〇票ずつに分ける。同じ票を再度、機械に通して確認したあと、他の候補者の票が混じっていないかを係員が一枚一枚点検する。これも人を代えて二回行われる。

そうして一〇〇枚ずつの束になったものが、私たち立会人の席に運ばれてくるのだ。それまで、開票の様子を「なるほど、こうするのか」と興味津々で眺めていたが、それどころではなくなった。一応建て前は、投票用紙の数や他者のものが混じっていないかを確認することになっているが、次々に運ばれて来る束を流れ作業のようにこなさなければならないので、一枚一枚見るどころか、確認の印鑑を押すのもやっと、というありさまだ。マスコミ、特に新聞社が明日の朝刊に間に合わせるため時間を区切って待っているので、選管も「急いでくださいと私たちをせかす。眺め渡す限り、この会場で不正が行われる余地もないし、数や混入の検査もきちんと行われているので、その点での心配はなかったけれど。

次々に来る束の中に、「たくま」（東恩納さんの選挙での通称）がなかなか出てこない。与党候補者名の束がどんどん来る中で、私は焦った。やっと最初の束が来て、いくらか気が楽になったが、その後もドキドキの連続だ。ヘリ基地反対協の仲間二人の票は順調に伸びている。気になる何人かの候補者もどうにか行けそうだ。「たくま」の票はなかなか伸びない。開票に立ち会い、刻一刻、票の様子がわかることが、こんなに苛酷な体験だとは夢にも思わなかった。まるで心身を切り刻まれるようだ。心の乱れが現れて、印鑑を押す手元が震える。

白票、無効票、疑問票、案分票を残して開票が終わった。印鑑を押した束の数はわかっているから、報告がなくても、「たくま」票が当落ぎりぎりにあることを私は知っていた。あとは一〇〇に足りない補足の票がどれだけあるかだ。私は胸の中でひたすら、「苦しいときの神頼み」をしていた。

「これから疑問票を点検しますので、開票立会人のみなさんは向こうのテーブルにお集まりください」と声がかかった。三二人の候補者ごとに分けられた疑問票を一枚ずつ、係員が一〇人の前に広げて見せる。疑問票と言っても、文字が一字足りなかったり、ウチナーグチ読みで書かれていたり、文字が左右反対に書かれていたりなど、ほとんどが特定できるもので、議論が必要なものはなかった。確認できると、それらの票は各候補者の票に加算される。次に、白票、無効票を確認して席に戻った。案分票とは、「宮城」「大城」など同姓の候補者が複数いて、姓だけしか書いてない場合、得票数に応じて配分される票である。東恩納は一人しかいないので、今回、案分票は関係なかった。

席に戻ると、疑問票加算前の得票数が記された速報が届いていた。胸騒ぎを抑えながら見ると、照屋全哲候補と三票差で二七位。「やったぁ！」と思いかけたとたんに、疑問票の数を思い出した。たしか「たくま」は九票、「ゼンテツ」さんは一三票が加算されたはず。一三ひく九は四。えーっ!? ゼンテツさんが一票多い？ そんな！ まさか！ 算数、間違っていないよね？

私の胸はまさに戦争、パニック状態だった。いくら計算してもやっぱり一票足りない。ウソだ！ なんで？ こんなことってある？……

それから私は顔を上げられなくなった。たったの一票差。悔しくて悔しくて、涙が込み上げてくるのを抑えるのに精一杯だった。会場の外に待機していた「たくま」支持者のNさんは、私の表情から当落を推定しようとガラス越しに見ていたが、私がずっと下を向いていたのでわからなかったと、あとで言っていた。その頃、疑問票加算前の得票数を知らされた「たくま」後援会事務所では、みんなの「ばんざい！」が響いていたという。それだけに、「一票差で落選」の報に接したショックは大きかった。

結果がわかってからも開票立会人の仕事はまだたくさんあった。この場から今すぐ消えてしまいたい、穴があったら入り込んでうずくまっていたい、という気持ちをなんとか奮い起こして、疑問票から白票に至るまで、それぞれに分けられたすべての票を確認、開票結果を記した書類に目を通し、それらのすべてに捺印する。最後に、投票箱に入れられたすべての票を詰めて封をした箱に捺印して、立会人の仕事は終わった。時計の針は午前二時を回り、私は心身共にぐったり疲れていた。

【追記】その後、東恩納さんは「一票差」を不服として異議申し立てを行い、沖縄県選挙管理委員会で疑問票を再度検票の結果、最下位当選した照屋全哲さんと「同数」と判定された。今度は照屋さんがこれを不服として控訴したが、控訴審における最終的な結論も「同数」だった。勝敗はくじ引きで決めることになり、私は再び立会人として名護市選挙管理委員会の呼び出しを受け、くじ引きに立ち会った。東恩納さんの支持者たちの祈りも空しく、〇七年一一月末、照屋さんの当選が確定した。

さらにこの後、〇八年六月に行われた沖縄県議選に名護市議会議員二人が出馬し欠員が生じたため、六月五日、東恩納さんに当選証書が付与された。こうして一年九ヶ月に及ぶ紆余曲折を経て、われらが「たくま」は晴れて議員になったのだ。

ゲート前座り込みに警察機動隊

私たちに落ち込んでいる暇はなかった。選挙期間中の九月五日、那覇防衛施設局は、新基地建設に向けて、滑走路予定地に位置するキャンプ・シュワブ内兵舎の移転作業に着手したと発表。予定地内にある遺跡の調査も始めると、揺さぶりをかけてきた。私たち住民・市民が手を出せない基地内から作業を進めて既成事実化し、あきらめムードを作っていくのが目的だろう。しかし、私たちがそう簡単にあきらめると思うのは彼らの誤算だ。

「暴力はやめてくださーい!!」

私は幾人かの女性たちと声を合わせて必死で叫んでいた。

九月一五日朝、キャンプ・シュワブ第一ゲート前。新基地の早期建設のために、予定地である辺野古崎(キャンプ・シュワブ内)に存在する埋蔵文化財(遺跡)の調査を急ごうとする防衛庁・那覇防衛施設局は、同局から文化財調査の依頼を受けた名護市教育委員会の文化財担当職員らを伴って、その前日から基地内に入る姿勢を見せていた。一四日、名護市教委は、基地建設を前提とした調査はやめて欲しいというヘリ基地反対協議会や住民らの説得で立ち入りを断念したが、この日、施設局は警察権力を動員して、ゲート前に座り込む住民らに暴力を加え、排除しようとしたのだ。

名護市教委が説得に応じて帰ったにもかかわらず、施設局の車が座り込みの列に突っ込もうとしたため現場は混乱した。八〇代のお年寄りを含む非暴力の座り込みに、こちらの数より多い警察官が立ちはだかり、名護警察署の警備課長が「公務執行妨害だ！　検挙！　検挙！」と大声で脅しをかける。屈強な警察官が、スクラムを組んで施設局の車を止めようとする人々の手や足を引っ張る（上着とズボンを上と下から引っ張られたNさんは「あやうくスッポンポンにされるところだった」と苦笑いしていた）。警察官に「牛蒡《ごぼう》抜き」されかかった人をみんなが必死で取り戻す。……

座り込みを突破できないと見た名護警察署は待機させていた県警・機動隊を投入。機動隊の盾に守られて施設局の車はゲートに入っていった。逮捕者や、かすり傷以上の負傷者を出さなかったのは不幸中の幸いだが、調査を担当する名護市教委がいないのに、機動隊まで使って強行突破する理由はない。唯一の理由は、どんな手段を使ってでも基地建設を強行するんだという防衛庁＝政府の意思を見せつけたかったということだろう。

文化財調査はなんのため？

週明けの一九日、ヘリ基地反対協は支援者を含む約三〇人で那覇防衛施設局に出向き、警察権力導入への抗議と文化財の保護を要請した。施設整備担当だという根路銘《ねろめ》さん（役職名は名乗ってくださらなかったので不明）は、「機動隊を投入する必然性がどこにあったのか？名護市教委は帰ったのに、なぜ施設局の車だけが無理矢理突っ込んだのか？」という質問に答えることができず、気の毒なほどしどろもどろ。当日、現場にいたという隣席の平良さんが「米軍の担当者との打ち合わせが必要だった」と助け船を出したが、名護市教委なしでは調査はできないのだから、答にはなっていない。

今回の文化財調査は、文化財を守るのが目的なのか、事業をする（基地建設をする）のが目的なのかという質問には、はっきり「事業をする目的で（名護市教委に）調査を依頼している」と、基地建設の日程に合わせて期限を設けることを明言。今年度の調査費用として四〇〇〇万円を計上しているという。

私たちは、「文化財調査のマスコミや市民への公開」「文化財を守るための本来の調査をすべきであり、それが終わるまで施設局は手を引いて欲しい」という要請（文書回答を求めた）を行って、施設局をあとにした。

翌二〇日、反対協は「キャンプ・シュワブ内の埋蔵文化財調査に関する声明」を発表し、①那覇防衛施設局は在沖米軍司令官に対して、四ヶ所の遺跡群の調査が完了するまで、海兵隊員の上陸演習や水陸両用戦車の走行演習などの中止を申し入れること　②名護市教育委員

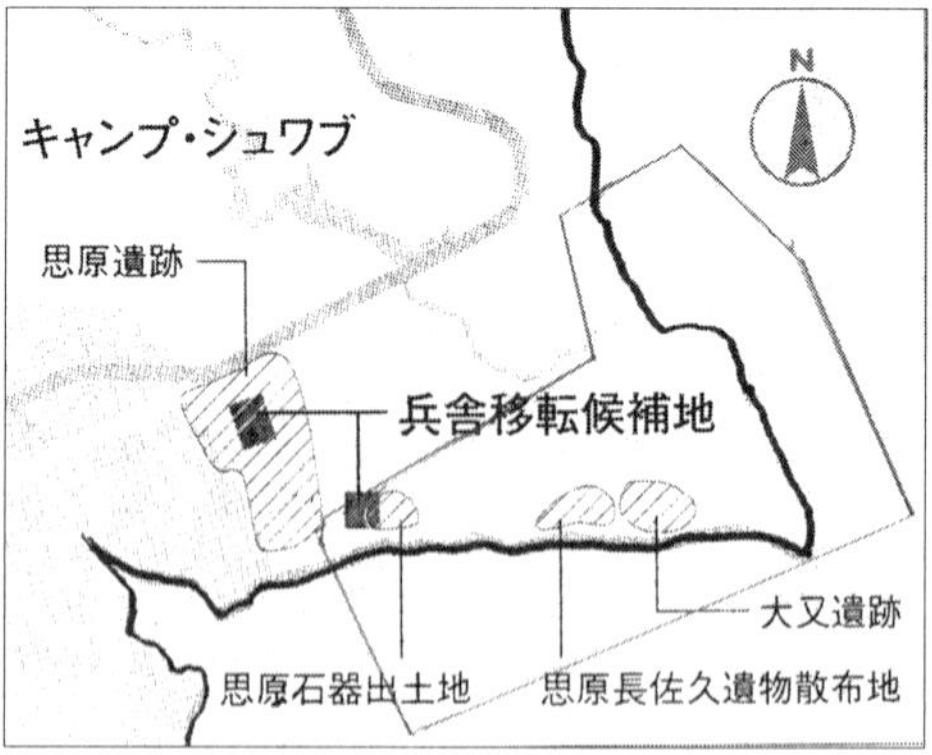

枠で囲ったのが新基地建設予定地

会は、遺跡破壊を前提とする防衛施設庁予算ではなく文化庁予算に基づく名護市独自予算で発掘計画・調査、遺跡保存を行うこと ③埋蔵文化財の発掘現場を研究者やマスコミ関係者および市民・県民に広く公開すること ④名護市内の児童・生徒たちに遺跡の重みを共有する発掘体験調査を行うこと、を訴えた。

ウヤファーフジが守ってくださる

キャンプ・シュワブ内に、沖縄貝塚時代後期（約二五〇〇～一五〇〇年前）のものと推定される貴重な遺跡や遺物分布地が少なくとも四ヶ所＝思原（ウムイバル）遺跡、思原石器出土地、思原長佐久《ながさく》遺物散布地、大又（ウフマタまたはフーマタ）遺跡＝あることが、一九七九年から八一年にかけて名護市教育委員会が行った分布調査で確認されている。このうち思原遺跡を除く三ヶ所が新基地建設予定地にかかる可能性があると言われていたが、今回、飛行場建設のため滑走路予定地にある兵舎を移転する、その移転候補地が思原遺跡および思原石器出土地に重なることが明らかになった。

遺跡群はいずれも海岸線近くに分布しており、名護市教委によると、米軍基地内のため先の調査では時間も区域も限られた不充分な調査しかできておらず、本格調査を行えばさらに発見される可能性もあるという。

四ヶ所のうちでも大又遺跡は、少なくとも二〇〇〇年以上前の、辺野古周辺で最も古い遺跡と推定されている。ヘリ基地反対協では今年六月、瀬戸内短期大学・沖縄文化研究センター長の名護博氏を招いて大又遺跡に関する学習会を行ったが、氏によれば、「辺野古のV字形滑走路予定地の真下にある大又遺跡は、原初ヤマト国家成立の謎を解くのに重要な遺跡であると思われ」、「山口県の土井が浜遺跡、佐賀県の吉野ヶ里遺跡などのように、国指定あるいは国営歴史公園などとして保存すべき価値ある地域になる可能性を秘めている」というのだ。

文化財保護法に基づく発掘調査を行えば、最低でも五〜六年はかかるというのが常識だ。施設局はその常識を逸脱して、基地建設の計画に添った短期調査を求めてくるだろう。しかし、名護市教委はあくまでも文化庁予算による独自調査を希望し、文化庁に予算請求も行っている。反対協では、それを支える世論をどう作っていくか、話し合いを始めた。

基地の中だから手が届かないと嘆いていた私たちにとって、またとない強力な援軍が現れたのだ。昨年秋、同遺跡分布地の地図をもらいに行ったとき、名護市教委の文化財担当者に「ウヤファーフジ（ご先祖さま）が守ってくださっているんですね。基地はできないですよね」と私が言うと、会心の笑みを浮かべて大きくうなずいてくださったことを思い出した。

不当逮捕に抗議する！

九月二五日午前、キャンプ・シュワブゲート前で一〇時過ぎ、平和市民連絡会共同代表の平良夏芽さんが逮捕されたという知らせを受けた。調査のためにゲートを入ろうとした名護市教委の車の前に飛び込んで、負傷しているにもかかわらず名護警察署に連行されたという。みんな警察署に向かっていると聞いて、はやる胸を抑えながら私も名護署へと急いだ。いよいよ来たか、と思う。海上行動の時からずっと、現場責任者としてリードしてきた夏芽さんへの狙い撃ちであることは疑う余地がない。ケガがひどくないか、心配だ……。

名護署の出入り口は大勢の制服警官で固められ、署前の歩道に続々と集まってくる人々に対して「無届け集会に当たります。解散しなさい」などと脅してくる。「市民・県民を守るのが君たちの仕事だろう？　市民に敵対するんじゃなくて米軍を取り締まれ」と声が飛んだ。「不当逮捕を許さないぞ！」「即時釈放せよ！」「基地建設を許さないぞ！」と、みんなで抗議の声をあげる。昼過ぎに弁護士が到着して接見。夏芽さんが名前だけは名乗ったこと、ケガはかすり傷で、病院に行く必要はないと本人が言っていること、みんなに心配をかけて申し訳ない、特に市教委の車の運転手には不快な思いをさせたことを詫びたいと思っていること、この不当逮捕は世界的な米軍再編をめぐって韓国でも行われている民衆弾圧の一環であり、これから始まる弾圧の始まりではないかと危惧していること、釈放まで抗議のハンストを始めたこと、などを伝えてくれた。改めて、「夏芽さんを返せ！」と署内に聞こえるように叫ぶ。

午後二時過ぎにいったん解散し、五時半から再び同じ場所で抗議行動。不当逮捕を伝え聞いた人々が次々に到着して名護署前の歩道はあふれんばかり。夏芽さんはキリスト教の牧師なので、教会関係者も多い。抗議の声の合間にも、彼らの歌う賛美歌がとぎれることなく流れる。夕方、接見した弁護士によれば、外からの声はすべて夏芽さんに届いているとのこと。弁護団も結成され、釈放まで毎朝九時と毎夕五時半、この場所で抗議行動をすることが確認された。

一九九七年、辺野古の新基地建設反対運動が始まって以来初めて、立て続けに起こった機動隊出動と不当逮捕。夏芽さんの危惧は当たっていると思う。しかし、私たちはあきらめるわけにいかない。政府・防衛庁の基地建設にかける並々ならぬ決意が露わになった今、反対運動を市民から遊離させ、孤立させていこうとする彼らの意図に載せられず、地域や市民に根を張っていく方法を真剣に模索しなければならないと、改めて思う。

（二〇〇六年九月二六日）

【付記】九月二七日午後一時頃、平良夏芽さんは処分保留のまま釈放され、名護警察署前に集まった仲間たちの喜びの声に迎えられた。逮捕から約五一時間、名護署前での午前九時と午後五時半の抗議行動のほか、全県・全国から駆けつけたキリスト者をはじめ多くの人々が常時、警察署を包囲してさまざまな呼びかけを行い、電話やファクスによる抗議や釈放要求が殺到して、名護署は機能麻痺状態に陥ったという。そんな世論の盛り上がりが早期釈放につながったと思う。

平良さんは釈放後の集会で、仲間たちへの感謝の言葉とともに、改めて、基地建設を止めていく決意を語った。

（九月三〇日）

第3章

ふるさとを壊すもの

絶望を洗い流して

県知事選敗北の衝撃

今年（二〇〇六年）三度目の敗北の報告をしなければならなくなった。一一月一九日に行われた沖縄県知事選挙の「敗北」という事実を突きつけられ、それがボディブローのように、日を追うごとにじわじわと効いてきて、書くのがなんだか空しいという気分なのだが、沈み込む気持ちを奮い起こして、なんとか書いてみよう。

投開票日の夜、私は、名護市街地にあった野党統一候補・糸数慶子さんの北部選対事務所のテレビの前で胸をドキドキさせていた。集まった人々は一様に、そわそわと落ち着かない様子だ。「接戦だと、結果がわかるのは夜中近くになるかも」と誰かが言った。「胃が痛くなりそうだな」と合いの手が入る。しかし、ドキドキの時間は長くなかった。

開票率はまだ半分にも達しないのに、自公候補・仲井眞弘多《なかいまひろかず》さん「当確」のテロップがテレビ画面に流れた。「えーっ?!」「まさか……」

重い沈黙が室内を支配し、私は呆然と座り込んでいた。「結果がわかったら感想を聞かせてください」と言っていた地元紙の記者がインタビューに来たが、言葉が見つからない。思わず「何も言いたくないです」と言ってしまった。

「次、またがんばろう」と言い、そそくさと席を立って帰ってしまった人の言葉の軽さを、私は憎んだ。基地に狙われた私たち地元住民が、追い詰められたぎりぎりの瀬戸際で「最後の希望」をかけて臨んだこの選挙を、そんな一言で片付けられることが許せなかった。口に出したわけではないが、あとで考えれば、見当違いの八つ当たり気分で申し訳なかったと思う。しかしそれは、そのときの正直な気持ちだった。

帰宅して床についても、なかなか寝付けなかった。魔物のように襲い掛かってくる基地問題に翻弄されてきたこの一〇年間のさまざまな出来事が走馬灯のように脳裏を駆け巡り、どっと疲れが押し寄せた。これからまた、いつ果てるとも知れない「ぬかるみ」を歩きつづけなければならないのかと思うと、胸が締め付けられた。

もちろん、慶子さんが当選したら基地問題は解決するなどと思っていたわけではない。当選すればしたで、知事の権限を奪う特別措置法、補助金や振興策を減らしたりストップしたりする「兵糧攻め」など、日本政府が総力をあげて「国策」に反抗する沖縄を締め付けてくるであろうことは目に見えていた。それでも、県内移設に反対する知事が「沖縄に新たな基地はいらない」と、先頭に立って日米両政府に立ち向かってくれることが、どんなに勇気づけられることか。地元が孤立するのでなく、県民全体の問題として新たな展開が生まれてくるだろうという期待があったのだ。

難航した候補者人選

「野党統一候補・糸数慶子」が誕生するまでの経過は、まさに難産中の難産だった。基地建設に反対する候補が二人立って共倒れした、今年一月の名護市長選挙の「二の舞をするな」というのが野党側の共通認識だったが、「反自公」ではあっても立場や政策がさまざまに違う政党・労組がまとまるのは容易ではなかった。

そんな中で、政党・労組に頼っていては間に合わなくなると、いち早く動き始めたのが「山内徳信さんを知事にする市民の会」（四月二九日発足）だった。私も呼びかけ人にと請われ、すぐに応じた。山内さんは、二四年間の読谷村長時代、村民の先頭に立って基地被害に抗議し、計画を撤回させ、基地を開放させるなど、村内米軍基地占有率を大幅に下げただけでなく、「読谷山花織《ゆんたんざ》」「ヤチムン（焼き物）の里」など、読谷村を文化の村として発信し、福祉や農業政策などにも細やかな目配りと実績を持っている。大田県政時代に出納長を務め、その後は「基地の県内移設に反対する県民会議」の共同代表として、常に基地反対運動の現場にいる信頼できる人だ。沖縄の現在の難局に立ち向かえるのは、海千山千の日米両政府関係者と互角に渡り合える山内さんをおいて他にいないと、私は思った。

唯一心配だったのは、人づてに聞いていた体調がよくないという話だったが、五月の連休明け、山内さんのご自宅に「市民の会」として知事選出馬のお願いに行くというのに同行し、きわめてお元気な様子を目の当たりにして不安は解消した。現在の危機的状況に対する私たちとの共通認識と、難題解決に向けた決意を感じ、出馬への意欲は十分持っておられると確信した。七一歳という年齢を気にする人もいたが、もっと高齢の政治家はいくらでもいるし、要は、県民の願いにどれだけ応えきれるか、そして、そのための気力と体力だ。その意味で山内さんは誰にも引けを取らないと感じた。

その後、野党知事候補として各政党・労組から七〜八人の名前が挙がり、「市民の会」が推した山内さんも含め人選会議が続けられたが、それぞれの利害が一致せず、難航を極めた。その頃から、糸数慶子さんなら統一できるのではないかという意見もちらほら聞かれたが、慶子さん本人も、また、慶子さんが副委員長を務める沖縄社会大衆党（社大党）も、彼女が参議院議員の一期目の現職にあることから、候補になることを否定し続けた。候補者人選に際し、政党・労組だけでなく正式に市民団体の意見を聞くという、これまでにない画期的な改善（苦しいときはどんな助けも欲しいということだったにせよ）も見られたが、はかばかしい進展はなかった。人選会議の様子を伝える地元紙を、毎朝、祈るような気持ちで広げたのは、私だけではなかっただろう。

八月に入り、ようやく候補者が山内さんと政党「そうぞう」代表の下地幹郎さん（衆議院議員）の二人に絞られ、ゴールは近いかに思われたが、それからがまたたいへんだった。政府が計画している普天間基地の辺野古移設案に反対なのは共通しているが、生粋の「革新」である山内さんと、自民党を除名され、自公からは「目の敵」にされているが、安保も自衛隊も認める下地さんの考えは水と油。両人とその支持者たちがいくら話し合っても平行線が続くばかり。業を煮やした（政党・労組に属さない）市民たちが、また、それに触発されて政党・労組も二人を呼んで公開討論会を開いたが、溝は埋められなかった。

「心の一本化」をめざして

すでに報告したように、私たちは、九月一〇日に行われた名護市議会議員選挙に「ヘリ基地いらない二見以北10区の会」の仲間を推し立てて選挙戦をたたかったが、その最中も、知事選の行方が気になって仕方がなかった。名護市長選で負け、市議選にも惜敗したが、知事選で勝てば道は開けると、希望をつないでいた。しかし、候補者が決まらないことにはどうにもならない。当初もたついていた自公の候補者が、沖縄電力元会長で沖縄県商工会議所連合会長の仲井眞弘多さんに決まり、すでに票固めに入っていたので、気が気ではなかった。

前述の市民による公開討論会を呼びかけた石川真生《まお》さん、高江洲《たかえす》あやのさん、宮城公子さんの女性三人が中心となって「野党候補の一本化をめざす県民の会」が作られた。「野党の人々の調整や努力にもかかわらず、統一した候補者がなかなか決まりません。あきらめるしかないのでしょうか？　いいえ、嘆いたり、文句を言ったりしている場合ではありません。私たち県民がこのまま黙って見ていては、沖縄の明るい未来を開くどころか、投票率もぐんと低下し、あきらめムードがますます広がってしまうでしょう」という呼びかけの言葉は、私自身の思いでもあった。

名護市議選の痛手も癒えない翌日から、「10区の会」の共同代表である私と渡具知智佳子さんは、「県民の会」に参加し、地元の切実な思いを訴えながら「一本化」を求めて奔走した。「県民の会」の中でも各人それぞれ支持する人は異なっていたが、「一本化」できるならそれにこだわらないというのが共通の思いだった。統一候補決定のためのテーブルを呼びかける記者会見、各労組・政党を回ってのお願い、度重なる会議など、高速道路を何回往復したことか。人選過程の難航や迷走、それに対する疑心暗鬼などでバラバラになっているみんなの「心の一本化」のためにも開かれた率直な話し合いの場が必要だと、私は訴えた。個人の集まりである「県民の会」の努力は残念ながら、政党や労組からも、マスコミからも正当な評価を受けたとは言いがたいが、しかしそれは、統一候補が決まってから大きな働きをした勝手連「ギリギリKの会」の活動につながっていった。

「山内さんが立候補するなら自分も出る」という下地さんの態度は変わらず、こう着状態が続いていた。このまま行けば、みんなの願いとはうらはらに再び名護市長選の轍を踏むのだろうか。三つ巴は避けられないのか……。その収拾策として、再び糸数慶子さんの名前が挙がっていた。固辞しつづけていた慶子さんも社大党も、それ以外に道がないのならと再検討に入り、私たち一般県民にはよくわからないながら各政党・労組の利害調整が行われて、ようやく九月一七日、「統一候補・糸数慶子」で「一本化」が実現したのだった。

できれば山内さんで一本化してほしいと願っていた私は、ホッと安堵しつつも複雑な思いだった。山内さんと「山内さんを知事にする市民の会」は翌一八日、出馬断念の記者会見を行った。「みんながまとまること」を出馬の条件としていた山内さんらしい潔い引き際だったが、その声明には断腸の思いがこもっていた。「市民の会」の声明には、「山内さんを引きずりおろ」した「革新政党」への不信が満ち満ちており、私は、山内さんを支持する友人たちから「糸数さんを応援する気になれない」という声を直接聞いて、ため息をついた。やっと候補者が一本化されたけれど、「心の一本化」にはほど遠い。これで選挙戦がたたかえるのだろうか……。

私は、統一できるのであれば誰でもいい、という切羽詰った気持ちになっていたし、その統一候補が決まったのだから、とにかく勝つためにがんばるしかなかったが、それでも、これまで山内さんを支持してきた思いを簡単にはふっきれなかった。私を含め「10区の会」の主なメンバーは「山内さんを知事にする市民の会」の呼びかけ人だったし、私は直接、出馬のお願いにも行ったのだ。「10区の会」として山内さんに、お詫びと地元としての思いを伝えたいということになり、断念声明から一週間ほどたった頃、私は恐る恐る電話をかけた。ご本人はお留守だったので、電話口に出られたお連れ合いに「明日またお電話します」と伝えた。

翌朝、再度かけると「あなたから電話があったら取り次ぐようにと妻に言っていたんですよ」と言われた。電話が殺到しているので、すべてに出ていたら身が持たない。そんな中で出てくださったことに感謝し、できたら直接お伺いしたい旨を伝えた。すると、「あなたたちの気持ちはよくわかっています。ここまで足を運ぶのに時間を費やすより、なんとしてもこの選挙に勝たなければならないという地元からの声を大きく上げてください」とおっしゃった。私は目がさめる思いだった。そうだ、私たちがなすべきことはそれなんだ。私たちは単に言い訳をしに、自己満足のために足を運ぼうとしていただけだと気付いて恥じ入った。

それから一時間近く、こもごも語り合った。まだ心の整理がつかないといいつつも、この選挙に勝ってこそ、自分が断念した意味があるという山内さんの言葉は重かった。同時に、私の背中をしっかりと前へ押してくれたのだった。

辺野古での出発式

必ずしも納得のいくやり方ではなかったにせよ、ともかくも統一候補が決まったので、「一本化をめざす県民の会」は、実現した統一候補の勝利をめざす選挙運動組織に発展解消することになった。侃侃諤諤の議論を経て決まった「ギリギリKの会」という名称は、「わかりにくい」とか「イメージが暗い」とかいう批判もあったが、我慢の限界を越えた基地問題でギリギリのがけっぷちに立たされている私たちの気持ちそのままだったし、いくつかの候補の中から「ギリギリ」という言葉を選んだのは、主にその場にいた若者たちだったということから、彼らも、現在の沖縄が置かれているギリギリの状況を肌で感じていることがわかった。Kは、基地、環境、雇用、暮らしなど、沖縄が抱えているさまざまな問題を象徴し、かつ慶子のケイでもあった。

政策協定をめぐる各党間の調整に手間取り、慶子さんの出馬表明は、自公候補より約一ヵ月遅れて、投票日七週間前の一〇月一日にずれ込んだ（政党「そうぞう」は参加しなかった）。自公候補と同じような出馬会見は、慶子さんのイメージにも、一般県民の気持ちにもそぐわないと、Ｋの会では選対本部によるホテルでの出馬会見の前に県庁前の県民広場で、慶子さんと、お連れ合いの隆さん（長年、勤めた新聞社を退職して背水の陣を敷いていた）を迎えてプレイベントをにぎやかに行い、県庁を県民の手に取り戻す決意を示した。

出馬表明はしたものの政党・労組の動きは鈍かった。選挙どしろうとの個人の集まりであるＫの会が作成したポスターやチラシ、ハガキが先行していた。寄り合い所帯である選対本部の取り組みは後手後手にまわり、「選対本部は何してるの？」「毎日会議をやっているよ」という笑えない冗談が飛び交った。

政党「そうぞう」はここに来てもなお、態度を保留していた。日米安保と自衛隊を認めなければ応援できないという理由だった。「慶子さんなら協力すると言っていたのに、こんなことなら山内さんで押し通せばよかった」と私の友人は苦々しげに言った。「そうぞう」の要求は、これまでの政治姿勢を根本から覆すもので受け入れられないとしてきた慶子さん側は、告示の直前になって、安保と自衛隊が「存在することは認める」という苦肉の妥協を行い、社民・社大・共産・民主の各党、自由連合、新党日本、国民新党が推薦し、「そうぞう」が支持する、という変則的な形で選挙戦に臨んだのだった。

一一月二日、県知事選挙告示の日、辺野古の座り込みテント小屋前で行われた出発式は感動的だった。天が激励しているかのような青空のもと、秋の日差しを受けて美しさをいっそう増したサンゴの海に向って、真っ白いシャツの上に「勝負服」だという赤いジャケットを羽織った慶子さんが、辺野古や二見以北のおじぃ、おばぁを含む参加者たちとともに「この海に基地はつくらせない」とこぶしを上げる。ここから新しい沖縄の歴史が始まるかもしれないという思いが胸を熱くした。

物量と企業ぐるみの自公陣営

それから一七日間、私はまたしても仕事を返上して選挙運動に駆けずり回った。今度こそ選挙にかかわるのは最後。勝てばもうやらなくてすむし、負ければ後はないのだから、という気持ちだった。政党・労組の動きの鈍さ、危機感のなさに「いったい勝つ気があるの?!」と歯噛みしたり、街頭宣伝カーへの市民の反応のよさを喜びつつも、「錯覚してはいけない(この間の選挙で、街宣への反応が必ずしも票に結びつかないことを痛感させられている)」と自戒したり。那覇で行われた女性集会の熱気と、山内さんを熱烈に支持していた知人がその日の受付に立っていて「がんばろうね」と言ってくれたときは、とてもうれしかった。

出馬表明以降、慶子さんはあの細い、小さな体で実によくがんばったと思う。家族の支えはすばらしく、隆さんとの二人三脚は感動的なほどだったし、何よりも長女の未希さんは、仲井眞さんのお膝元である沖縄電力で働いているにもかかわらず、四歳と生後六ヶ月の子どもをお連れ合いの実家に預けて、母親のために昼夜を問わず死に物ぐるいで働いた。北部での打ち上げ式の日、日程の都合で来れない慶子さんの代わりに、「糸数慶子の娘です」と書いた幟を持って街頭に立ち、宣伝カーから一時も休まず「母をよろしく」と声を嗄らして訴える未希さんに私は同行したのだが、その必死さは胸に迫るものがあった。彼女の原案による漫画入りの手書き風「けいこの子育てチラシ」は、小さな子供を持つ若いお母さんたちが進んで受け取ってくれた。

辺野古での出発式であいさつする糸数慶子さん

そして迎えた投票日。最終投票率六四・五四％。史上最低だった前回知事選を七％余り上回ってはいるが、「沖縄の今後の方向性を左右する選挙」と言われ、ひいては、「戦争のできる国」への道をひた走る日本の安倍新政権にも少なからず影響すると、全国からの注目を集めた割には、決して高くない。慶子さんは約三一万票を獲得したものの、仲井眞さんに三万七千票余りの差で敗北した。選挙への出遅れが大きく響いたのは確かだが、それだけではない。

前回の参議院選挙で圧勝し、知名度の高い慶子さんが勝てば、沖縄をはじめとする在日米軍基地の再編が滞ると恐れた日本政府と、基地の見返りの振興策に期待をかける沖縄経済界が恐ろしいほど必死になっていることを、選挙戦の中でひしひしと感じさせられた。

仲井眞さんの出身である電力関係や建設業関係の友人・知人らの話から、出向という形でさまざまな選挙運動に配置したり、一人何百票という集票のノルマを与えるなど、「仕事の一環だから拒否できない」という企業ぐるみ、職場ぐるみの選挙動員が明らかだった。那覇では、始業前の「朝立ち」に動員された沖縄電力の従業員たちが沿道を埋め尽くすほどだったという。

全県で一一万票（有権者の約一一％）を超える尋常ではない期日前投票数は、その多くが職場から直接、送迎バスなどで送り届けられた人たちによるものだ。投票前日には、どこからともなくバスで連れてこられた大勢の人々が、仲井眞さんのシンボルマークの黄色い鉢巻を締め、めいめいビニール袋を下げて住宅街に散って行くのを目撃した。

表に見えないおカネがどれだけ注ぎ込まれたかは知る由もないが、選挙カーやポスター、印刷物などの物量はすさまじかった。どんな田舎でも毎日、朝早くから仲井眞さんの宣伝カーが走り回っているのに、慶子さんのはちっとも来ないと、支持者からの苦情が相次いだが、三倍以上と推定される数の差はいかんともしがたかった。投票直前になってから、ものすごい数の仲井眞さんの顔写真ポスターが一晩で貼られたこともあった。仲井眞陣営の明らかな選挙違反を、警察は見て見ぬふりをつづけた。ある漁協の理事は「部会があると招集されて行ったら、ヤギ汁が待っていた」と話してくれた。

それらを見たり聞いたりするたびに、体は動員されても心は動員されないでほしいと、私は祈る思いだった。私たちにとって文字通り「明暗を分ける選挙」だったからだ。しかし結果は「暗」と出た。就任もしないうちから精力的に政府や自民党の要人詣でを行い、頭をなでられている仲井眞さんの姿を見せ付けられるのは、恥ずかしいことこの上ない。

基地反対三一万票の重み

結果の出た二日後、慶子さんが隆さんとともに北部一帯へお礼の挨拶に見えた。彼女は私を抱くようにして、「えっちゃんの顔を見るのがつらかったの。ごめんね」と、目を潤ませて言った。「力が足りなくて、ごめんね」と、私も涙をこらえて返した。私たちは同世代なのだ（慶子さんが一年上）。

そのときも、その後も、各政党・労組、個人から敗北に関するさまざまな反省が出されている。人選の遅れ（出遅れ）、選対本部内の不統一、各支部との連携・連絡不足、期日前投票への取り組みの弱さ、相手の企業ぐるみ選挙に充分対処できなかった、候補者の知名度に甘えて運動量（集票、電話作戦）が足りなかった、等々。それらはみんな当たっているが、反省点を出しておしまいでは、また同じことを繰り返すのではないかと思う。

考えるべきなのは、なぜ人選が遅れたのか、なぜ不統一だったのかを洗い出し、企業ぐるみや物量に負けないためにはどうしたらいいかを真剣に考えることだ。知事選（だけではないが）は四年に一回、必ずあるとわかっているのに、なぜ直前にならないと人選しようとしないのか、一般県民の感覚ではまったく理解できない。政治家たるもの、今からすぐ、次の知事選を見据えて動くべきではないか。四年かけてゆっくり浸透を図っていけば、直前になって慌てなくてすむと思うのだが。

不統一ということだって、政治姿勢のさまざまに違う組織の寄り合いなのだから、はじめからわかっていることでないか。それを前提に選挙をやるのなら、まずは互いの違いを認め合い、どこを共通認識にし、どんな形で共闘するのかを探るべきだ。今回の選挙の敗北を「そうぞう」・民主党のせいにする意見もあるが、自分たちの責任を棚上げにして他に責任を転嫁するような考え方には賛成できない。「そうぞう」の政治姿勢に私は賛同しないが、彼らが「推薦」でなく「支持」としたのはある意味で当然とも思うし、決めるのは遅かったが、「支持」を決めた後の彼らが、彼らなりのやり方で、どこの政党よりよく動いたのも知っている。

組織にはそれぞれの流儀があると思うから、別々に動くことはちっともかまわないし、その方が動きやすいだろう。それぞれの得意分野を生かしつつ、互いに連携・連絡を取り合いながら全体を有機的に動かすことができていたら、結果はちがっていたかもしれない。違いをマイナス要因ではなく、互いに補い合うプラス要因として生かすことができていたら、と残念に思う。

水と油の「革新政党」と「そうぞう」がいっしょに選挙をやることがそもそも無理だったのか。勝敗は別にして、それぞれから候補者を出した方が自然だとは思うが、大局的に見てどうなのか、私には今のところ判断できない。もっと言えば、政党・労組というこれまでの枠組み自体が限界に来ていることを今回の選挙は示したのではないか。政党・労組の側がそれを率直に認め、それに代わる枠組みを未だ作りきれない私たち全体の今後の課題としていくことがぜひとも必要だと思う。

沖縄県民は「基地反対」より「経済振興」を選んだと「本土」では報道されたらしいが、これほど土俵が違う中で、「県内移設＝新基地建設反対」を前面に掲げた慶子さんが約三一万票も獲得したことの意味は決して小さくないし、仲井眞さんも日本政府も無視できないだろう。投票日の出口調査ではどこでも慶子さんが勝っており、負けたのは期日前投票のせいだとも言われている。しかし、こんな締め付けはいずれ破綻するし、沖縄に基地がある以上、常に火種を抱えているのと同じだ。日本政府が「出来高払い」振興策を餌に基地を増設すれば、それだけ火種も大きくなる。

知事選に敗北して二日間、私は泣いて泣いて、涙で絶望を洗い流した。この地にこれからも生き続けるために。

今後、政府がどんな手で出てくるのか、新知事や名護市長がどう対応するのか、まだ見えない。しばらくは闇を見つめる日々が続くのかもしれないけれど、多分、それも必要なことなのだ。この機会に、運動というものをもう一度、根本から考えてみたいと思っている。私たちの運動が、人々の心の奥深くに届き、それを動かす言葉をもつためには何が必要なのかを。

（二〇〇六年一二月四日）

この悲鳴が聞こえないか

今年（二〇〇七年）初めから、寝込んでしまった。私事で恐縮だが、そのことにまず触れたい。

以前、「病気を自慢しよう」という言葉に出会って感激したことがある。病気は生身の人間には避けられないものだ。本人にとっても周りにとっても辛いが、その中で得るものも多い。というより、せっかく病気になったのだから、何かを得ないと損だと思うのは、私の貧乏性のせいだろうか。

病気を自慢する

昨年秋頃から、気分が悪くなって倒れそうになる頭のふらつきが出始め（最初に出たのが、名護市議選後の九月末、キャンプ・シュワブゲート前で平良夏芽さんが逮捕され、その釈放を求める抗議行動を行なっていた名護警察署前で、だった）、それがだんだん頻繁になってきたので、鍼灸師の友人に相談したり、行きつけの鍼灸治療院や病院でも診療を受けたのだが、原因がよくわからないまま症状は進行した。そういう中で無理して県知事選挙に関わったあと、年末から年始にかけていっそう悪化し、ついに一月二二日、ひどいめまいで、生まれて初めて救急車のお世話になってしまったのだ。

その前日、朝から何度も頭がしびれたり、ふらついたりして体調はよくなかったのだが、午後から、誘われていた地域での講演会に出かけた。話を聞いている途中で、これまでに経験したことのない激しい症状に襲われた。頭というより体全体がグラグラして、座っていた椅子からずり落ちそうになるのを、椅子のパイプをつかんで必死にこらえた。それまで、一回の発作は二～三分で治まっていたのだが、このときは一〇分以上続いた。ようやく少し治まったとき、ちょうど休憩時間になったので、中座させてもらった。

それでもどうにか、五～六分とはいえ車を運転して帰宅することができた。そして、やっとの思いで布団を敷いて横になって以降、起きあがれなくなってしまった。翌朝、トイレに立とうとすると、グルグル回転するめまいがやってきた。それまでは、フラフラはしても、回転する感じではなかったのだが、今度は天井も床も、周りのすべてが回り出したのだ。少しでも体を起こすと、めまいと吐き気に襲われるし、足元が回っているのだから立つことも歩くこともできない。トイレにはようやく這って行き、あとは寝ているしかなかった。この時点までは、寝ていればだんだん治まるだろうと考えていた。

ところが、そのうち、寝ていてもグルグル回るようになってきたのだ。地震が恐怖を呼び起こすのは、安定し、静止しているはずの地面が不安定になり、揺れ動くからだと聞いたことがあるが、回転性めまいの恐怖はそれに似ているかもしれない。私の場合、吐き気はそれほど強くなかったから助かったが、ある友人は、めまいに襲われると、吐いて吐いて、胃液が出なくなってもまだ吐こうとするので、とても苦しいと言っていた。

一センチでも頭を上げたり、眼を開けるとめまいがし、気分が悪くなるので、ひたすら眼をつぶって布団に貼り付いたようにじっとしているしかなかった。このままではどうしようもない。友だちに連絡して病院に連れて行ってもらおうにも、起きあがることができないのでは無理だ。救急車を呼ぶしかないと思ったが、命に関わるわけでもないのに、呼んでいいものかどうか、ためらいがあった。眼をつぶったまま携帯電話をにぎりしめて（このときばかりは携帯電話がありがたかった）一一九番を押そうかどうしようか三〇分くらい迷った。とうとう意を決して電話し、救急車が来てくれたのは午後三時頃だった。これほどありがたかったことはない。

病院でめまい止めの注射と点滴を受け、薬をもらって夜遅く、友だちに迎えに来てもらって帰宅した。回転するめまいは治まっていたが、まだふらつきがひどく、歩ける状態ではなかった。翌日、気分が悪くなってまた点滴してもらいに行き、何日かかけて内科と耳鼻科で診察を受け、脳や耳の検査もしてもらった。

その限りでの結論から言えば、脳には特に異常はなく、平衡感覚を司る内耳から来ているめまいだろうとのこと。それも、内耳に目立った器質的異常があるというわけではなく、過労から血流が滞り、バランスを失ったものらしい。そういう意味ではたいしたことはないと言えるのだろうが、「無理をすると再発しますよ」と脅され（?）た。昨年の三度にわたる選挙の疲れ、否、その前の海上阻止行動以来の疲れが、気づかないうちに溜まっていたのだろうと思った。あとで聞くところによると、過労からめまいを起こす人はけっこう多いらしい。

なんとか回復しました

しばらくは、病院に行く以外はほとんど寝ていた。病院への送り迎えや買い物などをしてくれた友人たち、何日も食事を作って運び、我が家の二匹の犬の面倒も見てくれた隣のYさん、心配してお見舞いに来たり電話をくれた人たち。私の東京時代の友人たちはカンパを集めて送ってくれた。人の優しさ、ありがたさが心底、身に染みた。

やっと少し起きあがれるようになったが、はじめは、五分間体を起こしていただけで、まるでフルマラソンを走ったような（実際に走ったことはないのだが）疲労感に襲われ、それが取れるのに何時間もかかった。歩くのも、物につかまってやっと歩ける有様だった。活字人間の私に何より辛かったのは、文字が読めないことだった。読もうとすると、目が回って気分が悪くなるのだ。

だんだん起きられる時間が長くなったものの、回復は遅々としていた。医者は「とにかく静養することです」と言う。「少し休みなさいと、神様がくれた休みだよ」と友だちに言われ、私自身もそう思うのだけれど、やはり焦ってしまう。パソコンに向おうとすると気分が悪くなり、そのことでまた落ち込んだ。数年前までパソコンとは無縁で、一生無縁でいたいと思っていた私が、今やパソコンなしでは原稿が書けなくなっている。このままパソコンを使えなくなり、書けなくなってしまうのではないかという不安に襲われた。

そんな不安のせいか、今度は夜、眠れなくなった。眠っていないので、体はひどく疲れを感じるのだが、神経が立っていて、眠気はまったく訪れない。こんな状態ではまためまいが起こるのではないかと心配になる。夕方以降になると、今晩もまた眠れないのではないかと思って胸がドキドキし始め、夜、布団にはいるとそれがいっそう強まる。結局、ほとんど眠れない。

そんな状態がしばらく続いて、とても苦しかった。病院の帰りに図書館に行き、「不眠」に関する本を借りて読み（その頃には、読むことはできるようになっていた）、友人たちのアドバイスも含め、「不眠」に効くという方法を片っ端から試してみたが、効き目はなく、精神安定剤も効かなかった。あとから考えると、そういうことをやればやるほど、つまり気にしているわけだから、ますます眠れなくなるし、本を読んで「不眠」に関係するさまざまな病気を知ると、いっそう不安が募って、逆効果だったようだ。

病院で睡眠薬を処方してもらい、いよいよ辛くてどうにもならなくなったら使おうと思っていたが、どうにか使わずに切り抜けられた。今でもまだ、倒れる前に比べると眠りが浅く、夜中に何度か目覚めるが、生活に支障を来すほどではなくなった。普通に歩けるようになり、休みながらパソコンも使えるようになって、つまり回復に伴って不眠も治ってきたのだ。以前と比べるとまだ疲れやすいが、日常生活はほぼ原状回復しつつある。（たいした病気でもない私の「自慢」に付き合わされて、うんざりした方、ごめんなさい。）

寝ながら考えたこと

そんな中で、寝ながらいろいろ考えさせられた。

救急車のお世話になった四日後に、私は五〇代最後の誕生日を迎えた。例年だと、誕生日といっても仕事やさまざまな活動に追われ、ゆっくり自分を振り返る時間もないが、今回は寝ているしかない状態だったので、時間はたっぷりあった。

人生の残りの時間がどのくらいあるのか、そのうち元気で働いたり活動したりできる時間がどのくらいなのか、「神のみぞ知る」だが、限られていることだけは確かだ。その限られた時間の中で自分に何ができるのか、やるべきこと、やりたいことは何なのかと考えた。どんどん危うくなっていく日本の状況、ひどくなる一方の沖縄の植民地的状況、未来や希望がなかなか見えない中で、やらねばならないことは、気が遠くなるほど多い。しかし、私の心身は一つしかないし、それを酷使すれば、今回のようにツケは自分に回ってくる。これまでの動き方を総点検し、「やらねばならないこと」の中から、自分がいちばんやりたいこと、自分にしかできないことを絞っていこうと思った。六〇代からの残りの人生に向けてその準備をしなさいと、天が諭しているような気がした。

六〇年近く生きてきて、私は何をやったのだろうか？ その時々で一生懸命考え、やってきたつもりだが、こんな社会しか作ってこなかったことを、次の世代に対して申し訳ないと思う。今後は、次の世代に何を残すか、残すべきものは何かということを、常に意識しながら生き、行動したいと強く思った。

倒れた翌週から続けて三回、毎週一回ずつ、私のリクエストに応えてMさんが連れて行ってくれたやんばるの森から、私はたくさんの元気をもらった。杖にすがっても少ししか歩けず、すぐに疲れて座り込んでしまう私を、Mさんは辛抱強く待ってくれた。歩くというより、森に抱かれているだけで心が安らぎ、気分がよかった。動かない方が見えるものもある。無数の小さないのち。どれもかけがえのないものだ。それらを生かしている自然の力は大きい。自分のいのち、自分の存在も生かされているのだということを、あらためて思い知った。

「植民地・沖縄」で米軍はやりたい放題

私が寝ている間にも、沖縄には米軍及び、それを支える日米の権力によるありとあらゆる差別と暴力が吹き荒れていた。もうしばらく新聞が読めない状態だったらいいのに、と思ったほどだ。詳しくは、その間の沖縄地元二紙を見ていただきたいが、日米合意さえ無視・逸脱した数々の米軍訓練や最新鋭戦闘機の配備（嘉手納基地）、パラシュート降下訓練の強行（大浦湾では八年ぶりの訓練が行なわれ、辺野古新基地に反対する市民らが船やカヌーを海上に漕ぎ出して抗議行動を行なった）や訓練兵士の民間地への降下（伊江島）、白昼堂々と住民に向って銃口を構える米兵（宜野座村）…。あげくの果ては、米軍属の息子（一九歳の少年）が自宅から空気銃で歩行者や駐車中の車両を狙い、通行していた女性が胸に被弾し、車両が一部破損するという事件（北谷町）まで発生した。

連日、あきれるほど繰り返される米軍、米兵の傍若無人な振る舞いは、住民はもちろん沖縄県や各市町村などの行政権力または議会が、どんなに抗議し、中止を要請してもとどまるところを知らない。その背景には、ブッシュ米大統領が、自国民の批判をも顧みず強行したイラクへのさらなる派兵がある。米軍は現在、戦闘中であり、この島は戦場と直結しているのだ。兵士たちにとってここは戦場の続きであり、彼らは戦場における精神状態のまま滞在している。そんな彼らに「平時」のモラルを求めても得られるわけがない。軍事基地があるとはそういうことなのだと、あらためて痛感せずにはいられなかった。そして米軍の「やりたい放題」を許し、支えているのはとりもなおさず日本政府なのだ。

「沖縄の負担軽減」を錦の御旗にした「在日米軍再編」の化けの皮も、次々に剥がれつつある。三月五～七日、嘉手納基地所属のF15戦闘機五機の航空自衛隊築城基地（福岡県）への移転訓練が行なわれたが、移転先の住民に苦痛を強いただけで、その間も、嘉手納基地の騒音負担はちっとも軽減されなかった。再編の真の狙いである「日米の軍事的一体化」を露骨に示しただけだ。

事前調査＝アセス法無視のアクロバット

在沖米軍再編の「目玉」である普天間飛行場代替施設＝日本政府が米軍に捧げる辺野古・大浦湾沿岸新基地の建設へ向けた動きも目立ってきた。日米が合意したV字形沿岸案を、そのままでは受け入れられないとする仲井眞沖縄県知事が、同案での環境影響評価（アセス）

方法書の受け入れに難色を示しているため、それにも配慮しつつ建設を急ぎたい日本政府は、アセスに先立って事前調査（現況調査）を行なうと通告した。方法書を公告・縦覧し、知事意見や住民の意見を入れて調査の方法を決め、それから調査に入るのがまっとうなやり方だが、それでは「六月のサンゴの産卵調査に間に合わない」からだという。間に合わなければ来年に回せばいいのに、米国に急かされているのだろうか。県民をあっと驚かせたV字形案に続いて、日本政府はアクロバットがよほどお得意のようだ。「あなた（米国）のためなら、たとえ火の中、水の中」というわけね。その万分の一でも沖縄（県民）に対する「思いやり」はないの？（言うだけ無駄か…）

アセス法の精神を踏みにじる防衛省に批判が強まり、県内の平和・自然保護などの市民団体が相次いで、那覇防衛施設局に事前調査の中止を、県に対しては事前調査を受け入れないよう要請を行なったにもかかわらず、施設局は三月二七日、海域での現況調査のために必要な「公共用財産使用協議書」を県に提出し、同意申請した。仲井真知事は「同意手続きに応じる意向」と報道されている。施設局側が、現行V字形案より南西沖合への移動を求めている名護市と、それを支持する県の意向に配慮（またしても！）して、沖合まで含む海域（V字形案以前の沖合埋め立て計画と同じ範囲）を調査区域に設定したことから、名護市も、名護漁協もすでに同意書を出しているのだ。施設局は三月末までに、サンゴや藻場、ジュゴンを含む海域生物などの環境現況調査、気象や潮流調査など総額二五億七六七〇万円になる調査について業者の選定（落札）を済ませており、県の同意が得られれば、四月にも調査の準備に入るという。

今回の調査はアセスとは別だと言いながら、調査データを将来アセスに取り込む方向も示している施設局のやり方は、ただでさえ限界のあるアセス法をなし崩しにするもので、とうてい許し難い。しかし、前回の沖合埋め立て案（軍民共用空港）のアセスの時にも感じたが、そもそもこの事業ではアセス自体が無意味なのではないかという疑問がぬぐえない。その疑問を、先日、ヘリ基地反対協の学習会で講師にお招きしたアセスの専門家である桜井国俊・沖縄大学学長がすっきりと断言してくださった。「在日米軍基地、つまり日本政府が建設し、米軍に提供する基地の環境アセスメントは原理的にありえない」というのだ。

アセスが対象とする事業は、建設のための土木工事だけでなく、建設後の施設の運用を含んでいる。在日米軍基地の場合、建設するのは日本政府だが、使うのは米軍だ。その運用については軍事機密の壁に阻まれて日本側は関知できない。施設がどう使われるかわからないのに、それが環境にどんな影響を与えるか、わかるはずがない。したがって、日本政府を事業者とする基地のアセスはそもそもありえないのだ。

すっきりはしたが、じゃあアセスは無意味なのか。私たちも前回計画のアセスの時から、米軍ないし米国を事業者に加えないと、ちゃんとしたアセスはできないと主張してきた。しかし、日米政府は今後ともそれを受け入れることはないだろう。桜井さんもはっきり言っておられたように「アセスで事業を止めることはできない」。しかし、アセスにしつこくかかわることによって時間を稼ぐことはできる。その間に運動を盛り上げて事業を止めようというのが、学習会の参加者の共通認識だった。

ヘリ基地反対協主催の環境アセスメント学習会（３月21日）

もっとも、米国は最近、新基地の問題によく口を出すようになっている。ケビン・メア在沖米国総領事が、地元（名護市や沖縄県）の意向（沖合移動）に配慮すると言ったり、（それは）日米合意（沿岸案）を修正するものではないと言ったり、そのたびに日本政府や沖縄県、名護市は一喜一憂し、振り回されている。仲井眞知事と島袋市長はわざわざ米国総領事のもとへ出向き、ご意見を伺ったりしているのだ。島袋市長の眼には今や、市民の姿など爪の先ほども映らず、ひたすら日米政府だけを見ているのだろう。

市民としては恥ずかしい限り。いよいよ植民地化が進んでいるとしか思えない。

名護市が要請している沖合移動は、（基地の騒音の影響を少しでも減らすために）集落から離して欲しい、そのためには（辺野古崎の地先にある）長島（ここは毎年オーストラリアから渡ってくるエリグロアジサシの重要な繁殖地だ）が（基地の）犠牲になっても仕方ないというもの。辺野古の住民の要望だと言っているが、ごく一部の人の要望ではあっても、大多数が望んでいるとはとても思えない。これに対して日本政府は、名護市の要請どおりに移動すると、地形の関係でむしろ騒音は激しくなるうえ、藻場の喪失面積が倍になるので受け入れがたい、としている。「目くそ、鼻くそを笑う」の類と揶揄されているが、政府の言うことの方が当っていると思われるだけに、何とも情けない。

区長選挙の怪

名護市長が罹っている悪質の病は、地域の中深くにまで伝染しているようだ。

わが一〇区の区長たちが、基地反対から条件付き賛成＝振興策の要求へと変わり、名護市議選では、私たちが推した東恩納琢磨さんにさまざまな圧力が加えられたことは既に報告したが、今度はある区の区長選挙で、病がますます深刻になっていることを感じさせられた。差し障りがあるので、一〇区の中のある区、とだけ書いておく。自分の区ではないので、話を聞いただけだが、それは凄まじいものだった。

区長の任期は二年。区によって選挙を行なうところもあれば、話し合いで決める（と言えば聞こえはいいが、地域ボス的な人の意向が反映されることが多い。ものを言いたくても言えない雰囲気があったりする）ところもある。この区では、基地問題というより、現区長のワンマンで私物化したような部落運営のやり方に、多くの区民が批判と不満を持っていた。Tさんははじめ立候補するつもりはなかったが、部落を変えたいという多くの人の熱意に押されて決意。現区長と対決することになった。現区長は条件付き賛成のリーダー的存在であり、Tさんは基地反対を明確にして活動している。現区長とそれを支持する人たちは非常な危機感を感じたに違いない。

告示ぎりぎりになって決意した（立候補届け出の際にもいろいろ嫌がらせされたようだ）のでTさんの選挙運動期間は告示後の三日間だけだったが、訪ねる先々で現区長への批判と激励を受けたという。区長選挙には法的規制がなく、したがって選挙違反もないとはいえ、一方の候補者である現区長が、その立場を利用して選挙運動に区の車を使ったり、公民館を選挙事務所代わりに使っていた（さすがに後者は区民の抗議で止めたらしい）というから、あまりにも非常識だ。

Tさんに対する現区長側の反撃は常軌を逸していた。一人暮らしのおばぁのところに屈強な男が四～五人で行って脅したり、区内にある小さな企業（経営者は現区長の支持者）の従業員たちは、その家族や親戚も含めて「Tに入れたらクビにするぞ」と申し渡された。選挙当日には公民館（投票所）の入り口に現区長の支持者たちが陣取り、投票に来る区民たちに圧力をかけた。

そして結果は、僅差で現区長が当選。あんな脅しや圧力がなければ、Tさんが勝っていた可能性は充分あった。Tさんが区長になれば、一〇区の区長会も、地域の雰囲気も少しは変わるかもしれないと期待していた私はがっかりした。Tさんは疲れを見せながらも、「やるだけはやった」と、さばさばしていたけれど。

この一〇年間で地域の人間関係がどれほど壊されたことだろう。基地問題でできた亀裂は、容易に埋めようがないほど深くなっている。地域興しのためには地域の人々が心を一つにする必要があるが、それができなくなっているのだ。「地域興し」を唱える祭りから「反対派」と見なされた人が排除され、一方、東恩納さんがやっている「じゅごんの里」運動には、「反対派」と見られることを恐れて地域の人はなかなか参加しない。何もかもが基地問題に結びつけられ、疑心暗鬼になって、誰も本音を語らず、当たり前の人間関係が結べないのだ。ここに基地を押しつけるために、地域コミュニティそのものを破壊してきた者たちに対する底深い怒りを、私は禁じることができない。

東村高江にヘリパッド移設が再浮上

そしてそれは、私たちの地域だけに限らない。三月一九日、米軍ヘリパッドが移設されようとしている東村高江の公民館で行なわれた那覇防衛施設局の説明会を傍聴していて、同じような痛みと怒りを感じずにはいられなかった。

説明会の様子を述べる前に、ヘリパッド移設問題の概略を見ておこう。『週刊金曜日』の二〇〇七年四月六日号に、この問題について書いた拙文を、少々長くなるが引用させていただく。

高江にヘリパッド（ヘリコプター着陸帯）移設問題が起ったのは、今から一〇年以上前だ。一九九六年のＳＡＣＯ（沖縄の米軍基地の整理・縮小・統合に関する日米特別行動委員会）合意に基づき、やんばるの国有林のほとんどを占める在沖米海兵隊北部訓練場（約七五平方キロメートル）の過半（三九・八七平方キロメートル）を返還する代わりに、返還部分にある七ヶ所のヘリパッドを、引き続き使用する部分に移設しようという計画である。当初の計画については、沖縄はもちろん全国の生物学者・生態学者や各学会から、移設予定地域は世界遺産の候補地であるやんばるの森の中でも「中核となる聖域」であり、「いかなる人的攪乱も慎むべきである」という強い批判と計画見直しの声が上がり、地元住民の反対の声とも相まって、計画は一時棚上げになったかに見えた。

ほとんどの高江区民が忘れかけていた悪夢を突然呼び覚ましたのは、昨年二月、那覇防衛施設局がヘリパッド移設に関わる環境影響評価（アセスメント）の準備書を公告・縦覧するという新聞報道だった。水面下で着々と計画の見直しが進み、折からの在日米軍再編の一環として再浮上したのだ。

この規模の事業には環境影響評価法によるアセスは必要ないが、計画地域の自然環境の重要さに配慮し、沖縄県の条例に準じた「自主アセス」を行うという施設局は、当初計画に対する批判への対処として、沖縄県が一九九八年に策定した「自然環境の保全に関する指針」で「自然環境の厳正な保全を図る区域・評価ランクⅠ」とされた区域は全て除外、評価ランクⅡの区域も可能な限り除外する、批判の強かった（ヘリパッドへの）進入道路をなるべく造らないよう既存林道等を利用できる場所を選定する、造成面積や改変範囲をできるだけ縮小し、ヘリパッドの数も七ヶ所から六ヶ所に減らす、などの見直しを行った。

ところがその結果、皮肉にもと言うべきか、当然と言うべきか、予定地が森の奥から人の住む集落近くに移ることになった。集落や小中学校を含む高江区は、既設のもの（返還予定地外の訓練場内に現在一五ヶ所のヘリパッドがある）に加え、新たな六ヶ所のヘリパッド予定地全てにぐるりと包囲される形になるのだ。いちばん近い予定地は集落から約二キロしか離れていない。

高江区は騒然となった。早速、区民集会がもたれ、全会一致で「ヘリパッド反対」を決議。区として反対の意思を示すとともに、公民館を連絡先とする住民組織「ブロッコリーの森を守る会」を結成し、具体的な反対運動を始めることになった。アセス準備書への意見書提出、［Voice of Takae］と名付けた広報紙の発行、集会の開催、県都・那覇を中心とする市民で作る支援組織「なはブロッコリー」といっしょに、往復六時間もかかる那覇の施設局や県庁へ要請に赴くなど、高江の人々は生活や仕事も犠牲にして動いた。アセスに対する知事意見が提出される直前の今年一月一六日には緊急区民総会を開き、「住民への説明なく着工するなら阻止行動も辞さない」という決議を行った。

知事意見を受けた施設局は、ヘリの飛行ルートは地域住民への影響を最小限にする、訓練米兵への環境教育を行う、など若干の補正を行って二月二一日から三〇日間、アセス評価図書を公告・縦覧。これで手続きは滞りなく終わり、以降はいつでも着工できるという姿勢だ。しかし、補正内容が守られると信じるほどおめでたい県民は誰もいない。

この悲鳴が聞こえないか

このような中で行なわれた説明会は、区の代議員だけを対象に、補正内容についてのみ説明するというものだった。それにしては、施設局側の職員は総勢一一人がずらりと前に並び、ものものしい。

施設局は、住宅・学校上空の飛行回避や騒音について米軍と調整し、申し入れるなど「生活環境への配慮」を強調したが、それは代議員らを納得させるにはほど遠かった。今月中に業者を選定、ノグチゲラの繁殖時期を避けるため着工は七月からにしたい、という。

これに対して、出席した代議員から疑問や怒りの声が噴出した。

「納得できない。なぜ高江だけに被害が集中するのか。騒音だけではない。これまで三～四回、墜落事故があった。不時着も多い。いつ落ちるかわからない危険性がある。申し入れをして米軍が聞いた試しはないし、約束を守ったこともない。国を守るために、なぜ高江だけが我慢しなければならないのか！」

「日米が一方的に合意し、我々の頭越しに七月から着工するという。ノグチゲラには配慮しても住民の声は聞かない。俺たちはノグチゲラ以下なのか！」

「負担軽減とか縮小とか言っているが、高江にとっては負担増であり拡大だ。みんなのために高江は犠牲になれと言うのか。東村でもいちばん小さい部落で、五〇～六〇戸しかない。たったこれだけだけど、ここに住んでいるんだ！」

「区民みんなが反対しているのに、どうしても作ると言うのか。高江区民だけを抑えつけるのはなぜだ?」

悲鳴とも呻きとも聞こえるそれらの声の一つひとつが、私の胸を鋭いナイフのように突き刺した。

北部訓練場へのヘリパッド新設は、辺野古・大浦湾新基地建設と連動しており、辺野古新基地に配備予定の垂直離着陸機MV22オスプレイが、新設されるヘリパッドを使用するだろう。日本政府がそれをいくら隠そうとしても、基地問題に多少とも関心のある県民なら誰でもそう思っている。オスプレイは、開発途中でも墜落を繰り返し、多くの兵士が犠牲になって一時は生産中止になった欠陥機だ。その配備に対する強い懸念が何人もの口から出されたが、施設局側は「米軍からは聞いておりません」と繰り返すだけ。

那覇防衛施設局職員に訴える高江区代議員(3月19日、高江区公民館)

「もう一〇〇%、(ヘリパッドを)作ることが決まったのか? 答えてくれ」

絞り出すようなその問いに、説明係の施設局職員はさすがに言葉に詰まり、声を落として「作りたい、と思っています」と言った。

思い余ったある代議員が、「どうしても作るのなら、高江を全部買ってくれ！　一世帯三億円だ」と叫んだ。読者の皆さんには誤解しないでいただきたい。彼がお金を要求しているのではなく（三億円なんて、実直な生活者である彼にとって実感のない金額だろう）、そういう形で怒りと悲しみを表現しているのだということが、その場にいた私にはよくわかった。胸が痛かった。彼の抗議の悲鳴を、能面のような施設局職員たち（彼らとて、内心を隠すために仮面をつけざるをえなかったのだろう）はどう聞いただろうか？

新たな一歩を踏み出すために

説明会が終わり、施設局職員たちが帰ったあと、代議員や、説明会を傍聴していた区民たちが語り合った。

高江は東村の最北端に位置し、国頭村と境を接する。東村で最も新しく、一九二四（大正一三）年に誕生した区で、当時の住民は全て村外からの移住者だったという。海抜九〇メートル以上の断崖の上に集落があるため、戦前は海上・陸上交通ともきわめて不便で、「陸の孤島」と言われた。一方で、山の深い高江は昔から「山稼ぎ」がさかんで、仕事を求めてきた人々がそのまま住みついたと思われる。

そんな歴史を持つせいか、現在でも他の区に比べ、区外からの受け入れに寛容で、高江に魅せられて県内外から移住してくる人々が後を絶たない。若い移住者も多く、彼らのおかげで、集落人口一四〇人の二割を中学生以下の子どもが占めているという、過疎化の進む他の区からうらやましがられる現象も起きている。

「ブロッコリーの森を守る会」で活動している区民の多くは、代表の安次嶺現達《あしみねげんたつ》さんをはじめ、そんな移住者たちで、この日、代議員である安次嶺さんら以外の人たちも傍聴に駆けつけていた。

隣接の国頭村は、自分たちのところからは基地がほとんどなくなるので賛成しているし、東村でも他の区は離れていてあまり影響がないから、村当局を含め容認の姿勢だ。高江だけが孤立しているという危機感がこもごも語られるのを聞いて、私は思わず発言を求めた。

「高江は孤立していません。県民の多くがヘリパッド移設に関心を持っているし、反対しています。七月までにまだまだやれることがあると思います。高江の皆さんが呼びかけてくだされば、高江区民の一〇倍の人数くらいはすぐ集められます。私も協力します。みんなで反対の意思表示をしましょう。よそから大勢の人が来るのは生活を乱されて嫌だと思う人がいるかもしれませんが、この際、背に腹は代えられないでしょう。考えていただけませんか?」

その場でベトナム戦争時の高江の様子を話していた代議員の一人・Sさんにもう少し話を聞きたくて、私は二～三日後に彼を訪ねた。

高江で生まれ育ったSさんは中学生の時、学校の校庭に米軍の戦車が入ってきたのを鮮明に覚えている。「学校の近くが行軍のコースでしたからね。というより、集落全体が演習地だった。民家の庭で米兵が機関銃を構えたり、土足で家の中に入ってくるのは日常茶飯事でした。米兵が集落内で酒を飲んで暴れて、死んだ人もいる。青年団が自警団を作って監視に当っていた。何かあったら、吊した酸素ボンベを叩いて合図したものです」

「高江は昔から山仕事が盛んですが、（米軍への）提供区域の柵などないから、米兵が訓練している同じ場所で区民が働いていた。私も、藪がガサガサするから、イノシシだと思って猟銃を構えたら、米兵が手を挙げて出てきたことがありましたよ。その逆もあったと思いますがね」

古くからの高江区民には、ヘリパッド移設に直面して、当時の体験が甦るようだ。「時代が違うから同じようにはならないだろう」と言いつつも、訓練が激化し、自分たちが模擬標的にされるのではないかと心配している人もいた。

Sさんは、高校卒業後、しばらく地元で働いたあと「本土」に出たが、「やっぱり沖縄がよくて」三〇歳で帰郷。以来、ずっと地元で働き、暮らしている。話しぶりから、地域への強い愛情が伝わってくる。　帰り際、「日本は沖縄に犠牲を押しつけ、沖縄はやんばるに押しつけ、やんばるは高江に押しつける。そんな歴史を長年強いられてきた、このもどかしさは、ヤマトの人にはわからないでしょうね」とSさんは呟いた。それは私の耳から、いつまでも離れなかった。

　区としてはなかなかまとまらないが、「ブロッコリーの森を守る会」で、私が提案したような集会を考えてみようと思っていると、代表の安次嶺さんは言った。辺野古新基地についても、四月以降の予備調査を前に、これにどう取り組むか、私たちも話し合いを続けている。

　民主主義の名の下に、人数の少ない過疎地

北部訓練場のゲート前に立つ安次嶺現達さん。左のゲートのすぐ後ろに既設ヘリパッドと新施設予定地がある。

に矛盾を押しつける欺瞞を許せない。子どもたちに基地を残したくない。これ以上、未来の世代の生存基盤である自然を壊したくない。……自分のさまざまな思いを総合すると、やはり、どんなことがあっても基地建設を止めたいという一心につながる。それに向かって多くの人の心を奮い立たせる方法はないか、ただいま思案中なのだ。

（二〇〇七年四月三日）

【追記】

六月一七日、高江へリパッドの「七月着工やめよう」集会が開かれた。当日は梅雨の終わりの大豪雨に見舞われ、会場を村営グランドから急遽、屋内に移して行われた集会には、悪天候にもかかわらず村内外から四〇〇人もの人々が参加し、高江区民を大いに勇気づけた。集会では仲嶺武夫高江区長もスピーチを行い、ヘリパッド建設を止める決意を述べた。

着工を前に座り込み態勢が取られ、緊迫した状況の中、那覇防衛施設局は七月三日、強行着工。しかしながら、高江区民を中心とする座り込みに阻まれて工事は進んでいない。請負業者が住民側の隙をついて基地内の工事現場に入ろうとするので、それぞれ四～五キロ以上も離れた四カ所のゲートでの泊まり込みを強いられるなど、厳しい状況が続いているが、農作業や仕事をやりくりし、座り込み現場のフェンスに洗濯物を干すなど生活をひっさげてのたたかいが共感を呼び、村内外、県内外から座り込みに駆けつける人々は後を絶たない。高江区だけでなく東村全体を地元として運動を広げようと「ヘリパッドいらない住民の会」が発足し、県内労働組合や市民団体なども口ーテーションを組んで座り込みを支えている。高江の人たちは、座り込みに来る人々のための宿泊施設「ブロッコリーハウス」を手造りして、これに応えた。

沖縄防衛局（旧・那覇防衛施設局）は当初、二〇〇七年度中に三カ所のヘリパッド建設を終える予定だったが、〇八年二月現在、その目処は立っておらず、三月から六月まではノグチゲラの繁殖期に当るため作業はできない。焦った防衛局は二月二〇日早朝、多数の警備員を使って住民を押え込み、砂利の搬入を強行したが、それ以上のことはできなかった。住民の座り込みが工事を一年間、確実に止めたのだ。

沖縄は敵国？辺野古に自衛艦派遣！

事前調査が強行開始された

横殴りの雨が海面を叩き、雷鳴が轟く。船は波間に激しく揺れる。それは、海の神・天の神の怒りと悲しみのようだった。

統一地方選直後の二〇〇七年四月二四日、那覇防衛施設局は、辺野古・大浦湾沿岸での新たな米軍基地（V字形沿岸案）建設に向けた事前調査（環境現況調査）に着手した。環境影響評価（アセスメント）法に違反するこの調査に対して、多くの市民団体や専門家を含む県民から厳しい批判が噴出し、中止要請が相次ぐなかで強行開始したのだ。

事前調査に備えて早朝から辺野古の浜に待機していた住民らは、施設局のチャーター船が出港すると同時にカヌーや小型船を調査海域に繰り出し、抗議・阻止行動を展開した。二〇〇四～〇五年、辺野古沖軍民共用空港（リーフ上埋め立て案）のボーリング調査を住民らに阻止された施設局は今回、物量作戦に出た。六グループものチャーター船団で住民らを翻弄し、第一一管区海上保安本部の大・中型巡視船四隻、多数のゴムボートを総動員して押さえ込むやり方だ。動員された船は総計四〇隻にものぼった。

海は次第にしけ、雷・強風・大雨注意報が発令されたが、施設局は作業をやめようとしない。反対住民だけでなく調査ダイバーや職員らの人命をも軽視するその姿勢に、非難と怒りが沸き起こった。それは、戦争のための基地建設の本性を表しているように思えた。

4月24日朝、事前調査阻止に向かうカヌー隊

アセス法を否定、情報開示もすべて拒否

前章でも触れたように、アセス法によれば、事業者(この場合は那覇防衛施設局)は、事業(基地建設)が自然環境や生活環境にどんな影響を与えるかを調査する方法について書いた「方法書」を作成し、これを公告・縦覧して広く意見を聞き、それらの意見を反映した修正を行なって調査方法を確定した後、初めて調査に着手できる。それらをすべて飛び越えて勝手に行なう事前調査は、法

違反という以上に、法を否定する暴挙にほかならない。そして、その違法・無法な調査に二六億円近い血税を使おうとしているのだから言語道断だ。

四月一一日、沖縄ジュゴン環境アセスメント監視団は、辺野古の事前調査に関する緊急学習会を開いた。その中で、同副団長の土田武信さんは「アセス法は事業者の説明責任、意思決定過程の透明化、住民参加を求めている。防衛省と沖縄県は意図的に、アセス法の精神の骨抜きを狙って事前調査を画策しているのではないか」と指摘した。

防衛省は調査を急ぐ理由として「ミドリイシサンゴの産卵は五～六月で、それを逃すと調査が一年遅れる」などと言っているが、学習会の講師を務めた沖縄リーフチェック研究会会長の安部真理子さん（サンゴ研究者）は、それに疑問を投げかけた。「サンゴ礁生態系は多くのサンゴ類（日本のサンゴは約四〇〇種）や生物からなる複雑な生態系で、ミドリイシ類のみを取り上げるのは偏った認識です。ミドリイシ類の産卵は五～六月ですが、大浦湾の優占種であるハマサンゴなどは一ヶ月遅れるのが普通です。また、サンゴは有性生殖と無性生殖という二つの生殖方法を持っており、なぜ有性生殖（産卵）のみに焦点を当てるのか、理由がわかりません」

辺野古・大浦湾サンゴ礁の定点観測を毎年続けている同研究会は二月一九日、第二回普天間移設措置協議会（〇六年一二月二五日開催）で守屋武昌防衛事務次官がサンゴに関する環境アセスについて発言した内容（調査対象種選定、調査内容、調査の展望など）に対し、上記のような疑問を含む質問・要望を記した意見書を防衛省に提出し、回答を求めている。しかし、未だに回答はないという。

アセス監視団は沖縄県に「公共用財産使用協議書」の開示を要請したが、「協議中だから」と拒否され、県議会議員の要請も拒否された。これは四月三日、衆議院安全保障委員会において沖縄選出の赤嶺政賢議員から同協議書付属文書の開示を求められた久間章生防衛大臣が、「阻止行動に利用されるおそれがある」ことを理由に拒否したのと軌を一にしている。前回のボーリング調査においては、十分とは言えないまでも情報は開示された。今回、県民・国民の知る権利をも踏みにじり、何が何でも建設へ向けた一歩を進めようとする政府の姿勢が、いよいよ露骨になっている。

隠蔽された「空飛ぶ棺桶」

四月五日の沖縄地元二紙朝刊一面トップに、「オスプレイ配備明記」という大見出しが躍った。一九九六年一二月のSACO（沖縄の米軍基地の整理・縮小・統合に関する日米特別行動委員会）最終報告の草案において、県内移設を確認した普天間飛行場代替施設への垂直離着陸機MV22オスプレイの配備が明記されていたことが、米公文書や当時の交渉担当者の証言で明らかになったというのだ。

米軍はオスプレイの配備を沖縄県民に公表するよう主張したが、地元をはじめとする沖縄の反発を恐れた日本政府が反対して具体的な名称は削除され、最終報告では「短距離で離着陸できる航空機」という表現になった。以来、今日まで、政府はオスプレイの配備を隠し続けてきたのだ。

オスプレイは、いつ墜落するかわからない、その危険度から米本国では「空飛ぶ棺桶」「未亡人製造機」と呼ばれているという。そんなものが新基地に配備されるのなら、当然、アセスの中でその影響（住民生活にはもちろん、ジュゴンなどの野生生物にも大きな影響を与えるのは必至だ）が評価されなければならない。

アセス監視団団長の東恩納琢磨さんは、「オスプレイ隠しも、調査情報の開示拒否も同根だ。県民をだまし続けようとする政府の姿勢を厳しく追及すべきだ」と憤った。嘘と隠蔽で塗り固めなければ造れないのが軍事基地だが、嘘は必ず発覚する。V字形滑走路を着陸用と離陸用に使い分けると言っていた当初の嘘も、米軍の「双方向から使う」という発言によってあえなく潰えた。

監視テントを再開

四月一九日、辺野古テント村は座り込み開始から三周年を迎えた。名護・ヘリ基地反対協議会は同二八日、三周年を期して、キャンプ・シュワブを包囲する「人間の鎖」行動を行なった。この日は沖縄にとっての「屈辱の日」でもある。

4月28日、雨の中のキャンプ・シュワブ「人間の鎖」行動
上：兼城淳子さん撮影　中・下：筆者撮影

一九五二年四月二八日、サンフランシスコ講和条約と日米安全保障条約が発効し、日本は独立したが、沖縄は米軍政下に置かれ続けることになった。戦後日本の「平和と繁栄」は沖縄を踏み台にして成り立ってきたのだ。

当日はあいにくの悪天候のため、大浦湾で予定されていた海上デモは中止されたが、風雨をものともせず沖縄内外から一〇〇〇人が参加。キャンプ・シュワブのフェンスに沿って手をつなぎ、平和へのメッセージを書いたリボンを結びつけた。カヌー隊の面々はウェットスーツや救命胴衣を着け、オールを立てて「ダイ・イン」。「事前調査を許さず基地建設を止める」という参加者たちの熱い思いは大雨をはね返し、基地の向こうの辺野古・大浦湾の海にまで届いたと思う。

施設局は、二六日までの三日間で調査地点の確認を終えたので、連休明けには調査機材を海底に設置すると発表。ヘリ基地反対協は連休明けの五月七日早朝、緊迫した空気の中で辺野古海岸に座り込みテントを再開した。二〇〇五年九月、施設局が海上のボーリングやぐらを撤去して以降、海岸での監視活動は必要でなくなったため、座り込みは辺野古漁港に面した「命を守る会」事務所前のテントに移して続行されてきた。今回、再び海の監視が必要になったので再設置したのだ。

事前調査に海上自衛隊？

五月九日夜、日本テレビが「政府は名護市辺野古海域での環境調査に海上自衛隊を動員する方針を固めた」と報道した（沖縄では見ることができない）ことを伝え聞いたとき、私は耳を疑った。まさか、いくら何でも…。いや、安倍政権ならやりかねない…。

翌一〇日午前の記者会見で塩崎恭久官房長官は「可能性はあるかもわからない」と言葉を濁したという。誤報であって欲しいと祈るような気持ちでいた一一日、今度は地元の沖縄テレビが、海上自衛隊の掃海母艦「ぶんご」が沖縄近海に向けて海自横須賀基地を出港したと報道した。まったく、なんてこった！

アセス手続きを経ない強引な調査機材設置作業は、海底を攪乱し、この海域を主な生息地とするジュゴンや産卵期を迎えたウミガメを追い出すものだと批判が噴出している。そんな中での自衛隊派遣は、基地建設のためならどんな脱法行為でもやってのける安倍政権の本性を示している。国民の正当な抵抗権を、大砲と機関銃を備えた軍艦まで出して抑えつけようとする国は法治国家と言えるのか？　安倍政権にとって沖縄住民は「敵国民」か「テロリスト」なのか？

自衛隊法的にも無理があるため、自衛隊員を防衛施設庁に出向させ、施設庁職員として潜水作業を行なわせるという。アセス法を逃れるために事前調査を強行するのと同様の姑息なやり方だが、米軍基地を造るために自衛隊（日本軍）を自国民に差し向けるというのは、今回の在日米軍再編＝日米軍事一体化を象徴するものだと言える。

辺野古の座り込みテントに駆けつけた市民・県民の頭上を、海上自衛隊および陸上自衛隊のヘリが旋回する。施設局が辺野古漁港に事前調査のための作業ヤードを設置するため、漁港の管理者である名護市に使用申請を行ない、すでに許可されているとの報道も流れた。住民らは二四時間態勢で警戒に当り、連日早朝から海上行動に備えるなど、陸・海とも一挙に緊張が高まった。

四年ぶりの嘉手納基地包囲

そんな中で五月一三日、「軍事基地のない沖縄」への願いを込めて、極東最大の米空軍基地・嘉手納基地を包囲する行動が行なわれた。

沖縄は今年五月一五日で日本復帰三五周年を迎えた。二七年間、米軍政下に置かれてきた沖縄の人々が切実に求めた日本復帰は、平和憲法の下への復帰だった。しかし、期待は大きく裏切られた。復帰後も基地負担は強化される一方で、平和憲法は沖縄にはついに適用されないまま死に体となっている。米国の植民地から、日米双方の植民地と化しただけだ。日米の軍事的一体化をめざす安倍―ブッシュ政権のもとで、それはいっそう露骨になってきている。

そんな現状に「ノー」の意思表示をしたいと、四年ぶりの嘉手納基地包囲行動が取り組まれた。真夏を思わせる暑い日射しの中、県内外から一万五千人の人々が参加した。私も、へリ基地反対協が貸し切った大型バスに乗って、久しぶりの嘉手納に向った。

基地を包囲する「人間の鎖」は、残念ながら一部つながらなかった。日本政府は（おそらく米国政府も）ほっと安堵の胸をなで下ろし、翌日の新聞には、労働組合の動員力の低下を揶揄する論調も見られた。

しかし、その日、10区の会の渡具知武清・智佳子さん夫妻の息子である小学校四年生の武龍くんは次のような日記を書いた。


「今日は家族でかでなきちほういに行きました。

ほういをしに来た人は一五〇〇〇人もいました。

全部をほういすることはできませんでした。

こんなにきちが大きいことがわかりました」


智佳子さんは息子の日記を10区の会のホームページで紹介しながら、「つながらなかった」

と落胆ばかりしている大人に対し、子どもはそこから一歩進んで何かを学んでいる、と述懐している。

私もこれを読んで、まさに「目から鱗」だった。そうなんだよね。一万五千人が手をつないでも包囲できないほど大きな基地があるってことがおかしいんだよね。つながらなかったことを嘆いたり、「準備不足」とかなんとか言い訳を考えたりしている大人が恥ずかしく思えた。

翌一四日には嘉手納基地包囲に県外から参加した人たちが大勢、辺野古の座り込みテントを訪ねてくれた。同じように米軍基地問題を抱えている韓国、フィリピンや、沖縄からの海兵隊移転に反対しているグアムから包囲行動に駆けつけた代表らを辺野古に迎え、潮の引い

5月14日、辺野古海岸テント前集会

同。グアム、フィリピン、韓国からの代表が発言した。

た海を前に、テント前集会が開かれた。

彼らが沖縄を去るのを待っているのか、調査機材の設置作業はこの日も行なわれず、「ぶんご」の行方も不明。横須賀基地に引き返したのではないかという一部情報もあり、そうであってくれればと、かすかな望みを抱いた。

よみがえる日本軍の恐怖

しかし望みは打ち砕かれた。一三日、「ぶんご」が紀伊半島沖で待機していることが確認された。沖縄入りの機をうかがっているのだろうと思っていると、一六日には沖縄近海に入った模様、との報道。私は一七〜二〇日まで、亡母の法事のため鹿児島県の実家に行かなければならなかった。今にも作業が開始されそうな状況の中、現地を離れるのは後ろ髪引かれる思いだったが、仕方がない。

案の定、一七日夜から動きが始まり、ついに自衛隊が投入されたという。携帯電話に届く「辺野古浜通信」や、友人たちからの電話連絡に、いても立ってもいられず胸が騒ぐ。一九日、さらに心臓を鷲掴みされるような悲報が届いた。病気療養中だった「辺野古・命を守る会」代表の金城祐治さんが亡くなったというのだ。信じられなかった。その夜はなかなか眠れなかった。

自分がその場にいなかったことを伝聞だけで書くのはあまり気が進まないが、機材設置をめぐる状況を抜かすわけにはいかない。帰沖してから聞いたことをまとめて、簡単に報告しよう。

「ぶんご」は一七日夜から一八日未明、辺野古沖に到着したと思われる。一七日夜、調査機材の設置作業が開始されるとの情報で、辺野古漁港には一〇〇人余の市民らが駆けつけた。県警機動隊が出動したというニュースが流れ、機動隊を導入して作業ヤードを作るつもりかと緊張が走ったが、機動隊は辺野古には来たものの、漁港までは来なかった。あとで振り返ると、これは、市民らの注意を海からそらすための陽動作戦だったらしいという。どこまで姑息な政府かとあきれてしまう。

漁港のゲート前に夜を徹して座り込んでいた市民らは、未だ明けやらぬ闇の中から聞こえてくるエンジン音を聞いた。海自の水中処分員（ダイバー）たちが夜明け前から潜水作業を行なっていたようだ。次第に明るんでくる海は、真っ黒に見えるほど多くの船団で埋め尽くされていた。

一八日朝、汀間漁港を出港しようとした住民側の船に海上保安庁の職員が乗り込んできて異例の船舶検査を行なった。普段はやったこともない船検証や備品などの検査であり、時間稼ぎの嫌がらせとしか言いようがない。そのため出港は大幅に遅れ、住民らの船とカヌーが海上に出た時には、すでに作業の真っ最中だった。

しがみつくカヌーをそっと引き離そうとする作業船の船長に、海保職員が「スピードを上げろ！」と命令する。海保のゴムボートが住民側の船に体当たりしてくる。わざと大波を立ててカヌーを転覆させたり、潜っている市民側ダイバーの上を走り回るなど、名称とは正反対に海の安全と命を危険にさらした。

翌一九日朝、金城祐治さんの訃報が届き、現地は悲しみに包まれたが、その日も海自を含めた作業は続いた。住民らは金城さんの遺志を胸に刻み海上行動を展開したものの、防衛施設局は圧倒的物量で強行。金城さんの告別式が行なわれた二〇日は、喪に服するため住民らは海上行動を控えた。それをよいことに施設局は作業を進め、二〇日までに海象《かいしょう》調査とサンゴの着床器具の設置を終えたと発表した。

自衛隊投入は歴史の転換

今回の自衛隊投入に、沖縄戦時の日本軍の恐怖を呼び覚まされた県民は少なくない。また、「銃剣とブルドーザー」で土地を取り上げられた米軍占領当時の基地建設を思い出した人も多い。事前調査を受け入れた仲井眞弘多県知事や島袋吉和名護市長も「無神経だ」「異様だ」と不快感を示し、自民党県連ですら「本県の本質的な政治情勢を理解していない」と批判した。自衛隊出動に必要な公共性・緊急性・非代替性の要件を大きく逸脱した前代未聞の暴挙は、政府の焦りの現われでもある。

政府は六月一日の閣議で「国家行政組織法の規定にある『官庁間協力』の趣旨を踏まえ実施した」と苦し紛れの見解をとりまとめ、久間防衛大臣は、（沖縄への自衛隊派遣は）「さっぽろ雪まつり」への動員と同じだと発言して県民の怒りに油を注いだ（沖縄には雪は降らない！）。

六月五日、基地の県内移設に反対する県民会議が那覇市で開催した「県民に銃口を向けた政府の辺野古『事前調査』抗議集会」には三五〇人が参加した。当日、「自衛艦派遣を問う」と題して基調提起を行なった佐藤学・沖縄国際大学教授は、自衛艦投入から間をおかず（五月二四日）、抗議声明を発した「自衛隊の政治利用を憂慮する大学人有志（県内大学在職者一〇人余）」代表の一人だ。

佐藤さんは、「一九六〇年、日米新安保条約に対する国会包囲デモなどの反対闘争に、岸信介首相（当時。安倍現首相の祖父）が治安出動を要請したとき、当時の赤城宗徳防衛庁長官は、国内の政治的争点に軍隊を出すべきではないと、これを拒否した。自国民に軍隊を差し向けるなど、民主主義国家においてあってはならないことだからだ。今回の自衛艦派遣は、二〇年前であれば内閣が潰れているような出来事だ。それなのに、全国メディアは全然取り上げない。危機感を持って大学人の抗議声明を出した」と語り、「何の法的根拠もなく自衛隊を投入することに大きな批判もなく、これが前例となれば、今後、国境紛争などに自衛隊を安易に使っていくのではないか。沖縄でその地ならしをしているとも言える。日本の民主政治、憲法のあり方を覆すものであり、歴史の転換期にある」と警鐘を鳴らした。

金城祐治さんの死に思う

話は前後するが、五月二〇日に営まれた金城祐治さんの告別式に、私は実家からの帰り、那覇空港から直行してギリギリ間に合った。集落に隣接した高台の海を見下ろす場所にある辺野古区の葬祭場には大勢の人々が列をなし、カヌー隊の若者たちが受付や駐車場案内などを分担していた。伊波洋一宜野湾市長の姿も見えた。

祐治さんの遺影に手を合わせながら、私は胸の中で「どうしてこんなに早く逝ってしまったの?!」と叫んでいた。七二歳というまだまだ若い年齢もさることながら、休養を兼ねて検査入院すると聞かされてから、二ヶ月も経っていない。ゆっくり休んでもらうためお見舞いには行かないようにと言われていたが、当初の二～三週間という予定が長引いていたので、気になっていたのだ。しかし、まさか亡くなるなんて夢にも思っていなかった。

あとで聞いたところによると、入院後、検査してすぐに肺ガンと診断されたらしいが、その後、坂道を転がり落ちるように症状が進行していったのだという。それを聞いて私は、胸が締め付けられた。この一〇年近く、命を守る会の代表という重責を担い続けてきた緊張と疲労。体調が悪くても休むわけにいかず無理を重ねてきたストレス。入院してほっとしたとたんに、限界まで張りつめていた糸がプツンと切れてしまったのではないかという気がした。

祐治さんの業績や、彼が残した数々の言葉は、多くの人たちが伝えているし、また、命を守る会の事務局員として最も身近で彼を支えてきた二二歳の富田晋くんをはじめ、辺野古の運動に関わった人たちの中に受け継がれているとも思うので、私は繰り返さない。

眠れぬままに私が自問したのは、祐治さんを追いつめ、死期を早めた責任は私にもあるのではないかということだった。今や、全国の反戦・反基地運動の焦点ともなっている辺野古だが、当初は自分たちの暮らしや地域を守りたいという素朴な住民運動だった。それが、国策と対峙していることを否応なく知らされ、地域が賛成・反対に引き裂かれていく。全県、全国、世界へと運動の輪が拡がっていくのは心強いが、その分、祐治さんの責任と心労はどんどん大きくなっていったと思う。長い年月の間には、地域や運動内部でのさまざまな矛盾、人間関係のもつれが生じてくるのは避けられない。加えて、「支援者」であるさまざまな組織や団体、個人との付き合いにも神経を使う。

祐治さんは誰に対しても、どんな場でも柔和な笑顔を絶やさなかったが、心の中は決して穏やかではなかったような気がする。全国から多くの人たちが訪ねてきてくれるのはうれしい。しかしだんだん、彼らから求められる自分や命を守る会の像と、実像との距離が開いていくような気がする。それも、彼にとって重荷になっていったのではないか。祐治さんは人一倍責任感の強い、しかし「普通のおじさん」だったが、彼我の状況から「普通である」ことが許されなくなってくる。大勢の人々の前で「世界情勢」から説き起こす命を守る会代表としての自分に、辺野古の一住民としての彼は違和感を感じていたのかもしれない。

〇四年以来のボーリング調査阻止行動で現地は緊張が続き、政府と対峙するのはもちろんとして、同じ区民であるウミンチュや基地誘致あるいは容認の立場の人々との複雑で微妙な関係にも祐治さんは神経をすり減らしたと思う。大阪生まれで、三〇代のとき父親の故郷である辺野古へ帰ってきた彼を、いまだに半分「よそ者」扱いする人もいる地域柄だ。それに加えて、前述したように、昨年の名護市長選挙は運動内部に大きな軋轢《あつれき》を生んだ。その中で、祐治さんも命を削る思いをされたし、それは選挙が終わった後もずっと尾を引いた。

思い出すさえ、ため息が出るようなこの間の動きのなかで、祐治さんの重荷はどんどん積み重なり、支えきれないほどになっていったのだろう。何より辛かったのは、彼に代わって、あるいは少なくとも一緒に、重荷を背負ってくれる人が辺野古に少なかったこと。責任感の強い彼は重荷を一身に背負ってあえいでいたのだ。

私（たち）はそれに気づかなかったわけではない。気づいてはいても、その重さが実感できず、また、どうしていいかもわからず、手をこまねいて見ていただけだ。祐治さんを追いつめないような運動を作り得なかったという悔いが胸を咬む。誰が悪いというのではない。祐治さんの死を無駄にしないということは、基地をつくらせないというのはもちろんだが、もう一度、運動のあり方を原点に帰って考え直すことでもあると思う。

運動は、人間がやるものである以上、矛盾があるのは当たり前だし、運動体は生きものだとも思う。生まれ、成長し、病気もすれば、いつかは死ぬのも自然のなりゆきだ。目的が達成して終焉を迎えるのが理想的だが、そううまくはいかない場合が多い。しかし、一つの運動体が死んでも、その精神を受け継いで次の運動体が生まれてくるだろう。たぶん、そんなふうにして歴史は続いてきたのだ。

そう思えばいくらか気が楽になるのだが、現実にはどうすればよいのか、なかなか答は出てこない。私の眠れぬ夜は当分続きそうだ。

三八カ国から集まった国際署名

五月二八日、私たちは、「ジュゴンを守るための環境アセスを！」求める国際署名一四三二筆を那覇防衛施設局に提出した。「私たち」というのは、この署名を日英両文で呼びかけたジュゴン保護キャンペーンセンター／市民アセスなごの吉川秀樹さんをはじめＷＷＦジャパン、日本自然保護協会、ジュゴン保護基金委員会の代表、そして私も、ヘリ基地いらない二見以北10区の会の代表として提出に赴いた。

署名は、辺野古・大浦湾沿岸に計画されている新たな米軍基地建設と、現在行なわれている事前調査がジュゴンをはじめとする希少生物を危機に追い込む懸念を表明し、これから始まる環境アセスを国際社会に恥じないものとするために、事前調査やアセスの情報開示、具体的には関連資料を日本語および英語で公開し、ハードコピーやCDにして配布すること、インターネット上で縦覧することなどを求めている。

開始後一ヶ月のこの日までに集まった署名は日本が一〇〇六、それ以外の三七カ国から四二六。日本以外で多いのは、米国一四四、オーストラリア一三一など。米国民が、沖縄での米軍基地建設に関心を持ち、強い懸念を持っていることがわかって勇気づけられる。吉川さんは「事前調査やアセスに世界が注目している」と強調し、ジュゴンを追い出す危険性が専門家からも指摘されている事前調査の中止を施設局側に要請。他の参加者らも、アセスにおけるゼロオプション（建設しない選択肢）を求め、事前調査によるサンゴ破壊に抗議した。

応対した那覇防衛施設局の渡部建設企画課長補佐は、情報公開の要請に対し、「（情報を公開した前回のボーリング調査が）阻止行動によって進まなかったので、今回は明らかにできない」、また、事前調査中止の要請に対しては、「二〇一四年までに建設するために、今できることをやっている」と述べた。上からの決定にはイヤでも従わなければならないのが彼らの立場だが、そこには、前述したような何が何でも建設に向けて突っ走るという政府の姿勢が反映されている。

しかし、日本政府が強行すればするほど、国際常識にもとるこのようなやり方は、より大きな反発を受けずにはいないだろう。

「海の暴力団」と化した海上保安庁

六月九日朝、辺野古事前調査の作業再開を知らせる緊急連絡が届いた。「土曜日なのに」と不審に思いつつ駆けつけると、すでに作業は始まっていた。昨夜まで情報は一切なかったという。不意を突く土日の急襲だった。

今回はさすがに自衛艦までは出なかったが、防衛省と完全に一体化した海上保安庁の横暴な振る舞いは目に余った。住民側の船だけに対する船舶検査は今回も続いたが、さらに乗船名簿の提出まで要求してきた（これには法的根拠がないとして拒否）。海上でも、作業船に指示を出し、住民側を威嚇し、女性船長の操船する小さなゴムボートを二隻の大型ゴムボートで追いかけ回すなど「海の暴力団」そのもの。

一〇艇前後の木の葉のようなカヌーと三～四隻の小型船に対し、軍艦と見まがう海保の巨大巡視船四～五隻が水平線を占拠し、そこから出された多数の頑丈なゴムボートが住民側の船を追いかけてリーフ内を走り回る。その異様な光景を目の当たりにして、心配で様子を見に来たという県民の一人は「信じられない！」と絶句した。

今回の作業は、五月の作業で残されたパッシブソナー（ジュゴンの鳴き声をキャッチする装置）および水中ビデオカメラの設置だったが、前章で指摘したように、環境調査のために環境を破壊する本末転倒を調査と呼ぶことはできない。高まる調査中止の声を一顧だにせず施設局は機材設置作業を再開したのだ。〇四～〇五年にかけてのボーリング調査においては、週末およびジュゴンの採餌時間である夜間には作業しないという前提が守られていたが、環境調査に軍隊まで出す現政権には平時の常識は通用しないらしい。

信じがたいほどの力の落差の中で、それでも住民側は果敢な阻止行動で作業の一部を確実に止めた。那覇防衛施設局は一一日、調査機材の設置完了を発表したが、「ほぼ」と付けざるを得なかった。

（二〇〇七年六月一二日）

第４章

ジュゴンとともに未来へ

違法調査とでたらめアセスの中止を！
命湧くジュゴンの海を守りたい

二〇〇七年七月六日（旧暦五月二二日）、満月大潮の六日後、名護市大浦湾で塊状ハマサンゴの産卵および放精が、沖縄リーフチェック研究会のメンバーらによって確認された。沖縄周辺ではミドリイシサンゴの産卵は何度も確認されているが、ハマサンゴは初めて。撮影した同会の西原千尋さんによれば、産卵は水深二～三メートルの浅海で午後九時四〇分から約一時間。放精はその後も続いたという。「放精は、近づきすぎると視界が見えなくなるくらい濃いもので、驚きました」。

夜の海に放出される小さなピンク色の卵。海中で繰り広げられる神秘的な生命のドラマは、想像するだけで胸がドキドキするが、その同じ海で、実はいま、米軍基地建設のための調査の真っ最中なのだ。同会会長の安部真理子さんは「大浦湾には他に類を見ない塊状ハマサンゴやユビエダハマサンゴの大群落があります。今回、そのハマサンゴが産卵・放精能力を持っていることがわかった。これは、大浦湾が沖縄島東海岸のハマサンゴの卵の供給源にもなっているということです。ここに基地を造るという計画は見直されなければならないと思います」と語る。

予定地は豊饒の海

生命育むサンゴの海。日米両政府が基地建設のターゲットとした辺野古・大浦湾海域は、太古の昔から「海の銀行」として地域住民の生命と暮らしを支え、ウミンチュたちが「よだれの出る海」と言う豊饒の海だ。国際保護動物、日本の天然記念物であり、つい最近、環境省が絶滅危惧種に指定した海生ほ乳類・ジュゴンの生息域の中心でもある。

破壊と殺戮の元凶である軍事基地に最もふさわしくない場所に、地域住民をはじめとする沖縄県民の強い反対を押し切って、敢えて建設しようとする日本政府が、環境影響評価（アセスメント）の手続きも踏まずに法違反の環境現況調査（事前調査）を強行開始（四月二四日）し、海底への調査機材設置作業に海上自衛隊の掃海母艦「ぶんご」を派遣（五月一八日）して県民を威嚇したことは、すでに報告した。

辺野古・大浦湾海域では以来、事前調査をさせないための市民・県民による非暴力の阻止行動が海上・海中で継続中だ。炎天下の攻防、請負業者作業員らによる暴力事件など、さまざまな困難の中でたたかいは続いている。

では、政府が自衛艦まで投入して強行している事前調査とはいったい何なのか。あまりにもお粗末な、その実態を見てみよう。

那覇防衛施設局の発表によれば、調査機材の設置箇所は全部で一一二ヶ所。その内訳は海象調査（流速、波高、水温など）機器二九ヶ所、サンゴの産卵に伴う幼生の着床具三九ヶ所、ジュゴンの鳴き声を記録するパッシブソナー（音波探知機）三〇ヶ所、水中ビデオカメラ（藻場の利用状況調査のため）一四ヶ所となっている。「自衛隊の協力」を得た施設局が、これらをすべて設置したのかどうかは定かでない。一部は市民によって阻止されているし、市民側のダイバーたちが設置場所の確認を行なったものの、調査海域が広すぎて見つけるのは容易でないからだ。

最初に機材を発見したのは五月二〇日、大浦湾に潜ったジュゴン保護基金委員会事務局長の東恩納琢磨さんとジュゴンネットワーク沖縄共同代表の棚原盛秀《せいしゅう》さんだった。何の検討も付けずに偶然潜った場所のすぐ近くに、サンゴの着床具が設置されていたのだ。機材の足が生きたサンゴに突き刺さり、割れたサンゴの破片が飛び散っているのを発見し、写真撮影した。その日は、前日に亡くなった辺野古・命を守る会代表・金城祐治さんの告別式だった。「祐治さんが導いてくれたんだと鳥肌が立った」と東恩納さんは言う。この写真は地元二紙一面に掲載され、大きな問題となった。

その後も、サンゴの上に何の配慮もなく機材を設置したり、ワイヤーによる固定でサンゴが破壊されているのが次々と発見された。五月二六～二七日、大浦湾の海底マップ作りのための調査を行なった際に調査機材を発見した安部さんは、「サンゴに関する何の基礎知識もない自衛隊のダイバーが真っ暗闇の中でやったことですから」と、機材設置の乱暴さを皮肉った。

サンゴ着床器具の足が生きたサンゴを突き刺し、破壊している。（東恩納琢磨さん撮影）

ジュゴンの通り道であるクチに設置された水中ビデオカメラ。（東恩納琢磨さん撮影）

安部さんは、「なぜ施設局がこの着床具を用いたのか、理解できない」と首を傾げる。もともとこの方法は、八重山海域でサンゴの移植のために開発されたもの。その限りで一定の有効性はあるが、沖縄島・読谷村で使ったところ定着率が悪く、成功していないという。「要するに、まだ確立されていない方法なんです。それを何億もかけて、いきなり辺野古・大浦湾に持ってくるのは、政府がここのサンゴなどどうでもいいと思っている証拠です」。

着床具は一ヶ所に一組四八〇枚の着床板が二組（九六〇枚）設置されており、それに三九ヶ所をかけると、合計三万七四四〇枚が設置されたことになる。しかし、「一ヶ所にこんなに多くの板を置くのも、この広い範囲でたった三九ヶ所というのも、（アセス）方法書がないので、何を目的としているかわからない。ただ単に数を稼いでいるだけとしか思えませんね」と彼女は言った。これだけ多くの着床板を設置したが、産卵はわずかだったという結論を導きたいためだろうと勘ぐりたくなる。

闇雲な調査に二三億円の税金

また、パッシブソナーについても、名護市を中心に活動する北限のジュゴンを見守る会代表の鈴木雅子さんは、その適切性に疑問を投げかける。これは、水産庁の委託を受けたジュゴンの音響学を専門とする日本の研究者により、混獲防止を目的としてタイ国で研究され、一定の効果が証明されているが、今回の調査は目的も条件も全く違う。パッシブソナーは、タイなどジュゴンが群で生息している（交信のために鳴く）場所に効果的で、沖縄のように数が少ないと、鳴くことは少ないそうだ。研究者に何の相談もなく用いられたこの装置について、彼は「半径三〇〇メートル以内が適用範囲で、広範囲な調査、ジュゴンの存在証明には不向き」と語り、鈴木さんが送った写真を見て、「粗末なもの」と酷評したという。

ジュゴンが採餌のためにリーフ内に入ってくる通り道であるクチ（サンゴ礁の切れ目）に水中ビデオカメラを設置したこととも合わせると、施設局の調査は、ジュゴンを追い出し、この海域にはジュゴンはいないということを「証明」するためだとしか思えないのだ。

七月上旬、台風四号の沖縄直撃を前に機材のおおかたは回収され、その後も次々に台風が発生しているが、その合間を縫って調査海域での作業は続いている。それを監視している東恩納さんは、「ライン調査と言っているが、ラインは置かず、GPSを浮き輪に載せて、泳ぎながら、つまり生物を追っ払いながら海底を見ているだけですよ」とあきれたように言った。ライン調査は、海底にラインを置いてその周辺の生物分布を調べるものだが、ラインを置くと動ける生物は逃げるので、三〇分以上経たないと調査はできないし、悪天候のときにもラインが動いてしまうので、できない。「そんな基準も何もなく、とにかく（調査を）終わらせばいいと、闇雲にやっている。単なる予算消化、パフォーマンスでしかない。こんな非科学的な調査を、施設局はアセスに適用すると言っているが、とんでもない話です」。

はっきりしているのは、これはもはや調査ではないということだ。こんなものに二三億円もの血税を使っていることに国民はもっと注目し、怒るべきだろう。

「事業内容」抜きのアセス方法書

アセス方法書も示さないまま前倒しの環境現況調査（事前調査）を強行した防衛省は八月七日、今度は、沖縄県と名護市が「現行政府案を前提とした方法書は受け取れない」と拒否しているにもかかわらず、方法書を無理矢理提出（唖然としている担当職員の前に投げつけるように書類を置いていくという強引さだった）、一四日からは公告縦覧を強行した。これに対し、基地の県内移設に反対する県民会議、ジュゴン保護キャンペーンセンター、WWFジャパン、沖縄リーフチェック研究会などが相次いで、事前調査の中止、方法書の撤回と公告縦覧中止を求める抗議要請を行なった。

強引な提出手法と同様に方法書の中身もでたらめだ。一昨年、廃案になった辺野古沖リーフ上軍民共用空港のアセス方法書が、専門家から「欠陥方法書」「無意味」と酷評されたのは記憶に新しいが、今回の方法書も同様だ。地域住民がいちばん心配している欠陥機・オスプレイをはじめ使用機種、飛行ルート、飛行頻度などの「事業内容」が書いてないため、自然環境や生活環境への影響を予測・評価することは不可能。

アセスの専門家である桜井国俊沖縄大学学長は、日本政府が造って米軍が使用する軍事基地についてはアセスは成立しないというのが持論だ。軍事機密の壁に阻まれて、日本政府は事業内容を把握できないからだ。彼は、事業を「やらない」という選択肢を含めて検討されるべきで、それがないアセスはアセス法の精神に反すると言う。しかし、米国の顔色ばかりを伺い、沖縄の自然や県民への配慮など微塵もない安倍政権にそれを期待するのは、針の穴をくぐるより難しい。

方法書によれば、飛行場本体のための埋め立てのほか、工事用の作業ヤードのための埋め立て、山を削っての埋め立て土砂採取、海底ヤードの設置など、辺野古・大浦湾海域及び周辺地域の大がかりな改変（破壊）が計画されている。ユビエダハマサンゴや塊状ハマサンゴの群落も根こそぎにされてしまう。

ジュゴンの専門家である粕谷俊雄さんは、事業がジュゴンに与える負荷を単独の要素に切り離して考えるのは適切でないと言う。ジュゴンの側はそれらを全部受けるからだ。それぞれの負荷が小さくても、相乗的影響は大きなダメージとなる可能性がある。沖縄のジュゴンの数は五〇頭前後ではないかと言われているが、「それはあくまで、これまでのわずかな調査から推測されたものに過ぎない」と彼は言う。それより多かろうと少なかろうと、一頭の死が絶滅への道につながることもある。重い腰をようやく上げて、ジュゴンをレッドリストに登録した環境省には頑張ってもらわなければならない。

ジュゴンはいわば、海だけでなく沖縄の自然全体の豊かさの象徴であり、指標だと思う。ジュゴンの生きられない環境は、私たち人間にとっても生きられない、あるいは生きにくい環境だろう。ジュゴンを守ることは、私たち自身を守ることなのだ。

ジュゴンとともに生きる

昔から、海の神様のお使いとして親しまれてきた沖縄のジュゴンは、すでに絶滅したと思われていたのが、一〇年余り前、新基地建設問題が起こってまもなく、辺野古海域における那覇防衛施設局の調査で目撃された。以来、基地問題の重要局面で必ず現れる（目撃される）のが不思議でならない。今年に入ってなんと、辺野古・大浦湾海域で五回も確認されているのだ。二月二一日、東恩納さんがヘリの上から、ウミガメと戯れるジュゴンの撮影に成功したのをはじめ、五月二〇、二一日と、空中および日本で初の水中からの映像が撮影され、六月二一日には沖縄のテレビ局が、二頭のジュゴンが仲良くじゃれあって泳ぐ姿をとらえた。この二頭は雌雄と思われ、専門家も交尾行動だろうと認定。「野生のジュゴンのこうした映像は、おそらく世界でも初めてではないか」（北限のジュゴンを見守る会・竹下信雄さん）という快挙だった。

日米両政府に狙われたこの海で、ジュゴンが確かに生きている、未来に向けて子孫を残そうとしているという事実は、私たちを勇気づける。どんなことがあってもこの海を守り、ジュゴンとともに生きていきたい。

北限のジュゴンを見守る会では、この四月から、内外のジュゴン専門家の協力や助言を得ながら、市民によるジュゴンの生息調査を定期的に続けている。マンタ法[注]を使ったコアメンバーによる本調査と、誰でも参加できる一般体験調査を組み合わせながら、海の自然とジュゴンの大切さを発信している。

粕谷さんは、市民によるこのような動きを高く評価する。「自然保護については、科学的調査を継続することはきわめて重要ですが、それだけでは政府は動きません。沖縄の人、地域の人がジュゴンについて知っていることがいちばん強い。保護の世論を作っていくこと、住民、市民、みんなの意思を強く表明することによって国を動かせる」。

ジュゴン保護については国境を越えた連帯も生まれている。四年に一度開かれるＩＵＣＮ（国際自然保護連合）世界大会が二回続けて、異例の日米両政府に対するジュゴン保護勧告を決議したのに加え、米軍の本拠地である米国内でも沖縄のジュゴン保護のために奔走し続ける人たちがいるのだ。

二〇〇三年、沖縄ジュゴンと、沖縄住民および日本と米国の自然保護団体が、米国防総省、国防長官を被告としてカリフォルニア北部連邦地裁（サンフランシスコ在）に提訴した、いわゆる「ジュゴン訴訟」は、米国の自然保護団体やジュゴン専門家、弁護士らの献身的な働きにより、門前払いを求めた米国政府を制して本訴訟に持ち込まれ、この九月一〇日から公判が開始される。開始から半年以内で判決が出る見通しだ。原告の一人である東恩納さんは「勝利はほぼ間違いないだろうと弁護士は言っています。それによってすぐ基地建設が止まるわけではないが、米軍の行為がジュゴンにとって害があるかどうかを、米国自身が調査しなければならなくなる。米国が日本政府と並ぶ当事者であることを認めさせる意義は大きい」と語る。それは、基地を使用する米国がアセスに参加すべきだというIUCN勧告を実現させることにもつながる。公判の行方に注目したい。

（『週刊金曜日』二〇〇七年九月七日号）

【付記】ハマサンゴの大群落、クマノミのコロニー、生きたスイショウガイに付着するため「歩くサンゴ」と呼ばれるキクメイシモドキなど、豊かな生態系が次々に明らかになる大浦湾で、このあと（〇七年九月）、今度はアオサンゴの群落が発見された。石垣市白保のアオサンゴ群落に次ぐ規模だと言われる。〇八年一月にはジュゴン保護基金委員会と沖縄リーフチェック研究会が合同調査を行い、五〇メートル×三〇メートルの切れ目のない群落であることがわかった。

三月にはWWF（世界自然保護基金）ジャパンや日本自然保護協会の協力も得て、大浦湾の詳細な地形学的調査を行い、海底三次元地形図に生物の分布を入れた「大浦湾生き物マップ」を作成中。さらに四～五月にも、新たなサンゴ群落が発見され、地元テレビ等でも放映された。

（注）ボートの両脇に曳航された調査員が、低速で引かれながら水中や水底の状況を目視する調査法。その形がマンタ（オニイトマキエイ）に似ているところからマンタ法と名付けられた。

安倍首相の辞任

安倍首相が九月一二日、辞任表明した（同二五日、内閣総辞職）。参議院選での自民党敗北を受けて党内部からさえ出ていた辞任要求を振り切って続投を表明し、所信表明演説を行なった直後の突然の辞任。駄々っ子が、何をやっても自分の思い通りにならずキレてしまったとしか見えない。自民党政治の末期症状には違いないが、沖縄の住民にとっての関心事は、これが沖縄にどんな影響を及ぼしてくるかだ。

安倍政権は短かったが、その間、よくもまあ、ひどいことをやってくれたと思う。歴代の自民党政権が踏みとどまっていた一線を何のためらいもなく越え、米国とともに戦争のできる国づくりのために沖縄を踏み台にし、抵抗は力づくで封じるという姿勢を露骨に示した。米軍再編という名の日米軍事一体化、その要である辺野古・大浦湾新基地を二〇一四年までに完成させるという日米合意に間に合わせるべく、アセス法違反の事前調査強行、住民運動への自衛隊投入、沖縄県や名護市が受け取りを拒否しているにもかかわらずアセス方法書を無理矢理置き去り、これで手続きは始まったと強弁するなど、前代未聞の暴挙を次々とやってきた。

九月一日から防衛施設庁が防衛省に統合され、これまでの那覇防衛施設局に代わって沖縄防衛局が新設されたが、その初代局長に就任した鎌田昭良氏の米軍再編交付金「ボーナス」発言が沖縄の怒りをいっそう掻き立てている。米軍再編の進捗に応じて（つまり、政府への協力度合いに応じて）交付金を出すというシステム自体が「沖縄をバカにしている」と悪評高いが、着任会見で、これを「一生懸命やったところにはちゃんと手当てするボーナスのようなもの」と言ってのけた五一歳のエリート局長のセンスは、安倍晋三氏と共通のものだろう。

防衛局の新設と歩調を合わせるように、海上保安庁は八月二九日、二〇〇八年度予算概算要求で、第一一管区海上保安本部の中城海上保安署を同保安部に格上げし、五〇人の人員増と巡視艇三隻の新造を求めた。同保安署は沖縄島東海岸全域の警備に当っており、現在は人員一九人および巡視艇二隻。二～三倍もの増強を求める最大の理由は、在日米軍再編に伴う海上警備体制を強化するため、とりわけ名護市辺野古・大浦湾海域での新基地建設に反対する住民・市民の抗議行動をより強固に警備するためと、はっきり打ち出している。

そんな安倍政権の崩壊は、沖縄戦の真実を覆い隠そうとする教科書検定への怒りが全島に広がり、九月末に行なわれる県民大会に結実しようとしているなか、それを後押しするものとなるだろう。

（日本ジャーナリスト会議発行『ジャーナリスト』第五九四号〔〇八年九月二五日発行〕掲載原稿に加筆修正）

教科書問題県民大会

二〇〇七年九月二九日に行なわれた「教科書検定意見撤回を求める県民大会」に一一万六千人もの人々が集まったことに、私は沖縄の底力を見る思いがした。

辺野古を出発した私たち（ヘリ基地反対協）のバスが会場の宜野湾海浜公園に到着したのは午後三時からの開会一時間前だったが、すでに二～三万人が集まっていた。会場のいちばん後に陣取ったはずが、開会まもなく、ふと後ろを振り向くと、人、人、人で埋め尽くされているのに驚いた。あとで聞いたところによると、会場に入りきれない人々が通路や後方の林の中にあふれ、渋滞に巻き込まれたり、路線バスに乗りきれなかったりで、会場に向かいながら到着できなかった人々も数知れなかったという。やむを得ない仕事や用事で会場には行けなかったが、地元テレビやラジオの実況中継にかじりついていたという人たちも入れると、県民の半数以上、いや、もっと多くの人々の思いが込められた大会だったと思う。

大会実行委員長を務めた仲里利信・県議会議長の挨拶の中に「英霊」という言葉が出てき

たのはちょっといただけなかったが、それを除けば、どの人の発言も「保守・革新」の違いを感じさせない、心に染みるものだった。この日、私は沖縄の保守政治家を見直したのだ。仲里さんは、八歳のときに体験した沖縄戦の忌まわしい記憶を封印したまま墓場に持っていこうと思っていたが、今回の教科書検定意見が自分の気持ちを揺るがした、と語った。県議会議長としてでなく、個人としての思いを語る彼の言葉は、胸に深く届いた。

沖縄戦時の「集団自決」（強制集団死）に日本軍の軍命はなかったと、歴史を改竄《かいざん》しようとする日本政府に対して、戦後六二年経った今、体験者はもちろん、直接体験しなかった次世代、孫世代まで含めてこれだけの県民が怒り、行動を起こした意義は大きい。安易に使うのは好きではないが、もし「沖縄の心」というものがあるとしたら、軍命を否定する今回の教科書検定意見は、その心のいちばん奥底にある、いちばんデリケートな部分に、泥だらけの手を無神経に突っ込んできたのだ。その痛みに耐えかねて、六二年間、胸に秘めたまま黙していた人々が、もう我慢できないと語り出し、若者たちは「真実を知りたい」と声を上げた。家族連れが「集団自決」体験者の証言に聞き入り、高校生たちが年寄りや大人たちの声を聞く（インタビューする）ために会場を飛び回る。

同じ場所に八万五千人が集まった（宮古・八重山を含む全県では一〇万人）一二年前の基地撤去・整理縮小を求める県民大会より多くの人々が参加したのは、沖縄戦は過去のことで、基地問題のように現在の利害が絡まないからではないか、と、ある人が言った。それは現時点では当っていると思うが、しかし、今後、そこにはとどまらないだろうとも思う。沖縄戦が現在の基地問題の発端であることを戦争体験のない世代も知りつつあるし、いま現在、沖縄戦に至る過程を繰り返しているのではないかという危機感を、多くの県民が持っているからだ。

（二〇〇七年一〇月六日）

ジュゴン訴訟が明らかにしたもの

米国カリフォルニア北部連邦地裁で二〇〇七年九月に結審したジュゴン訴訟の報告会が一〇月二三日、名護市港区公民館で開かれた。ジュゴン訴訟は、沖縄のジュゴンと地域住民、および日本と米国の環境保護団体が原告となり、日本の文化財保護法にあたる米国の国家歴史保存法（＝ＮＨＰＡ。米国は外国の文化財をも保護する義務があると定めている）を根拠に、米国防総省と国防長官を被告として二〇〇三年に提訴したもの。普天間代替施設（辺野古新基地）建設が絶滅に瀕した沖縄のジュゴンに与える影響について米国側の責任を問う原告に対し、米国側は、基地を造るのは日本政府であり、米国は関係ないと主張。門前払いを求めたが、裁判所はそれを却下して実質審理が行われてきた。

報告会では、沖縄から公判に参加した三人の原告団（東恩納琢磨さん＝沖縄ジュゴン環境アセスメント監視団団長／ジュゴン保護基金委員会事務局長、真喜志好一さん＝同監視団、吉川秀樹さん＝通訳／市民アセスなど）が、普天間基地移設（辺野古・大浦湾新基地）計画に関する重要な発表を行った。米国側から出された裁判資料（公文書）によって明らかになったもので、沖縄県民の反発を恐れた日本政府が、いかに実相をひた隠しにしてきたかを物語っている。

〇六年五月、日米両政府は、普天間移設を含む在日米軍再編最終報告に合意したが、その直前（四月二〇日）の日米協議において米国は、新基地に二一四メートルの埠頭、現在の普天間基地にはない戦闘機装弾場および爆発物安全ゾーン、三機を同時に洗浄できる航空機洗浄場などを要求。日本政府は基本的にこれに同意している。埠頭についてはすでに〇一年度に日米間で確認されていることも明らかになった。二一四メートルの埠頭とは、佐世保を母港とする輸送揚陸艦「ジュノー」級の船を係留できる大型岸壁で、波が静かなときには「エセックス」級の船も着岸できるとのこと。

これらの説明を聞いていると、これまで胸の中に不気味な暗雲としてあったものが、いよいよ具体的な形を結んでくる。墜落事故のあまりの多さから、米国では「空飛ぶ棺桶」とか「未亡人製造機」と呼ばれている欠陥機「オスプレイ」の新基地への配備、住宅地上空での訓練飛行など、日本政府が否定し続けてきたことも、すでに米高官の発言であっさり覆されている。私たちの目の前に造られようとしているものは、まさに「悪魔の軍事要塞」と言うにふさわしいものなのだと、背筋を寒くしつつ実感した。

興味深いのは、同資料によると、米国は、「日本政府は水域についてのみ環境アセスを行おうとしているが、キャンプ・シュワブ陸上区域に関しても言及するよう勧告」し、また、「新しい滑走路の形状・配置、運用に関する騒音コンタを示す必要がある」ともコメントしていることだ。米国側はこの間、一貫して、住民にきちんと情報を公開して計画への理解を求めるよう日本側に要請。にもかかわらず日本政府は、これもまた一貫して「知らしむべからず」の姿勢をとり続けている。

といっても、米国が沖縄住民を思いやっているわけではなく、「環境アセスが不完全なら……環境……へ予想外の影響が生じた場合、米国海兵隊が責任を負わされるであろう」と懸念しているように、責任を負わされたくないだけとも言えるが、それでも、彼らほどの配慮さえない日本政府よりまだましに見えるのが、何とも情けなく、腹立たしい。

那覇防衛施設局（現・沖縄防衛局）は八月、普天間代替施設に関する環境アセス方法書の公告縦覧を強行したが、その中で上記の事柄には一切触れていない。原告側の通訳として訪米し、資料を和訳した吉川さんは「政府は県民・知事・市長を騙し続けてきた」と怒りを込めて語り、アセスの手続きが終わらないうちに、それと並行して、早い段階から（キャンプ・シュワブ内の）地ならしなどの作業を進めていく予定であることも報告した。これらの作業がアセス法に違反することは明らかだが、同法に罰則がないのをいいことに、政府は現在、辺野古・大浦湾海域でアセス法違反の事前調査を強行しているのだ。

真喜志さんは、「今回、米国は、新基地建設が日米の共同行為であることを初めて認めた。今回の新資料によって辺野古基地の機能が明らかになったが、日本政府はそれを米国から告げられているにもかかわらず、情報を隠したまま建設しようとしている」と指摘。「普天間飛行場は住宅密集地にあるため装弾場を置くことができず、普天間のヘリは嘉手納基地まで行って実弾を積み込んでいる。現在、北部地域を飛んでいるヘリは実弾を積んでいないが、新基地に戦闘機装弾場が造られれば、実弾を積んだヘリが住民の頭上を飛び回るようになるだろう」と警告した。

報告のあと、これらの資料を使って何ができるか、会場参加者を含めた論議が行われ、名護市長や県知事への要請行動、新基地の実相を広く県民に伝え、世論を高めていくために、わかりやすいビラや映像資料を作ることなどが提案された。


訴訟の判決は半年以内に出る。地元住民として「じゅごんの里」づくりをめざしている東恩納さんは、訴訟が勝利する見通しであることを伝え、「それですぐに基地建設が止まるわけではないが、裁判所が米国の責任を認定し、(日本よりずっと厳しい)米国のアセス法が適用されれば、ジュゴンの住む海に基地を造ることは難しくなる。基地を止めてジュゴン保護区にしていこう」と訴えた。

（二〇〇七年一〇月二五日）

移設措置協議会の茶番劇と報道

一一月七日、首相官邸で第四回普天間移設措置協議会が開かれた。協議会の開催は一〇ヶ月ぶりで、政府と仲井真沖縄県知事、島袋名護市長ほか関係自治体が出席した。普天間代替施設＝辺野古・大浦湾新基地計画（V字形沿岸案）の「沖合移動（修正）」を求める「沖縄側」と、政府案への理解を求める政府との主張は平行線に終始したが、移設を早期に進めることでは一致した、と沖縄地元紙は報じている。

修正案に強く反対していた守屋武昌前防衛事務次官が退任し、これまでの防衛省主導が今回から官邸主導に変わったことによって、協議会は自由に討論できる形になり、仲井眞知事は辺野古事前調査への自衛艦投入などに苦言を呈したという。アセス手続き前の修正を求めていた知事が、手続きの範囲内での「軽微な変更」に傾いていることから、年内にも予想される次回協議会で大枠合意の可能性もあると推測している。

この記事を読んで違和感をぬぐえないのは、あたかも、この問題の争点が、「沖縄側の希望」である「沖合移動」を政府が受け入れるかどうかであるかのように受け取れることだ。それは、地域住民をはじめ県民の実感とはあまりにもかけ離れている。市民・県民世論の大多数は移設＝新基地建設そのものに反対であり、「沖合移動」を求める声は一握りでしかない。市民の第一の関心と不安は、新基地の機能であり、そのほんとうの姿だ。

私たち「ヘリ基地いらない二見以北10区の会」もその一員であるヘリ基地反対協議会は一〇月三一日、名護市長に対して、移設合意の撤回と措置協議会出席の中止を求める要請を行い、開催前日の一一月六日には市役所前で同趣旨の座り込みを行った。

島袋市長は〇六年四月、「住宅地上空を飛ばない」条件で、政府とV字形沿岸案に合意したが、その条件は米国によって拒否され、日本政府もそれを認めざるをえなくなっている。合意の条件が崩れたのだから、撤回すべきだし、移設を進めるための協議会に出席する必要もない。しかも、米国におけるジュゴン訴訟で明らかになったように、新基地の機能は普天間基地の機能を遙かに超えるものであり、「普天間代替施設」などではなく新たな基地（軍事要塞）建設そのものなのだ。

しかし、私たちに応対した末松副市長（市長は昨年二月の就任以来、私たちの前に一度も姿を見せない）は「陸域は飛ばないという基本合意に変わりはないと思う」と言い張り（いくら騙されても「信じてついて行く」のね⁉　そのあげくに捨てられたら、あなたたちは自業自得だけど、私たちまで巻き添えにしないで！）、新基地の機能についてこの間、地元紙が図面付きで大々的に報道しているにもかかわらず、「これが造られたらどんな状況になると思うか」と問われて「想像できない」と答えたのには唖然。

「政府に説明を求めないのか」と尋ねたら、「協議会で説明があるだろう」と、どこまでもあなた任せ。案の定、政府からは何の説明もなく、名護市も説明を求めなかった。出席中止を求める私たちに、「（協議会という）こういう機会をとらえて、自分たちの考え方をきちっと伝えていく（ために出席する）」と豪語していた末松さん、「自分たちの考え」って何だったの？

「沖合移動」に争点をずらした報道に違和感を覚えたのは今回だけではない。この間、県知事と名護市長が「沖合修正案」を掲げて、それを認めようとしない日本政府と果敢に闘っている、かのような報道が行われ、つい「がんばれ、知事！　がんばれ、市長！」と励ましてしまいたくなる雰囲気を作ろうとしているのではないかと勘ぐりたくなるのだ。そのオチは、政府と「沖縄側」がお互いにいくらかずつ譲歩して、わずかばかりの沖合移動で合意。「沖縄側の言い分も聞き入れました」ということで一件落着。あとは基地建設にひたすら邁進。それに反対する住民・市民は、無理難題を押し通そうとするとんでもない人たち、ということになるのではないか？

沖縄の地元紙は、日本の中ではかなりまともな報道をしていると評価しているのだが、ことこの件に限っては、「政府の争点ずらしに乗らないで、その背後で進行しているものを報道して欲しい」と、ちょっと文句を言いたい私なのです。

移設措置協議会の茶番劇といい、民主党のドタバタ劇といい、お粗末極まる芝居ばかり見せつけられて、うんざりしている今日この頃。沖縄人も含め、日本人って相当レベルが低いと外からは見られているだろうなぁ……。

（二〇〇七年一一月八日）

「審査不可能」な、お粗末方法書

沖縄防衛局が作成した米軍普天間飛行場代替施設（辺野古・大浦湾沿岸新基地）建設に係わる環境影響評価（アセスメント）方法書に対する知事意見の提出（締切は一二月二一日）に向けて、知事の諮問機関である沖縄県環境影響評価審査会が審議を重ねている。これまで傍聴に行きたいと思いながら、都合がつかずに行けなかったが、ようやく、一二月四日に開かれた四回目の審査会を傍聴することができた。

事業（埋立および埋立後の施設建設と供用）が自然環境や生活環境にどんな影響を与えるかを評価するための方法を記したものが方法書だが、防衛局の方法書は、軍用機の飛行ルートや騒音区域を含め事業内容がほとんど不明のうえ、事業を行う地域の特性についても内容不足。これでは環境影響評価の項目や手法が適切かどうか判断できないと、審査会は防衛局に対し三五項目七六問の質問事項を提出。この日の会合は防衛局の回答を聞くために開催された。

口頭で行われた防衛局の回答は、予想はしていたが実にひどいもので、そのほとんどは、

「日米間で協議中のため、現在、具体的に示すことは困難」「検討中」「具体的な建設計画は準備書の段階までに明らかにする」と繰り返すのみ。立ち見も出た傍聴席からは「以下同文」「コピペ」「内容がわかってから出せ」とヤジが飛び、失笑が漏れた。現在も辺野古・大浦湾海域で強行されているアセス法違反の事前調査への釈明を求める声も繰り返し上がった。

防衛局の回答後、審査会の津嘉山《つかやま》正光会長（琉球大学名誉教授）は「具体的な回答をいただいていない」「少なくとも、国会発言や報道で明らかになったことについては説明して欲しい」と苦言を呈し、各委員からも「事業や施設の内容がわからなさすぎる」「方法書を出す段階ではない」との批判が相次いだ。ある委員は「審査会を無能扱いするのか！」と怒りを込めて吐き捨てた。

津嘉山会長は「このままの内容では審査不可能」と言明。この場でのこれ以上の審議は困難と、防衛局に文書回答を求め、予定時間を三〇分繰り上げて審査会を打ち切る異例の幕切れとなった。

前回計画（リーフ状埋め立て案）のほうが今回より熟度が高かった（それでも欠陥方法書と専門家から酷評された）と防衛局自ら認めた、語るに落ちるお粗末方法書。沖縄県と県民を愚弄し、闇雲に建設に突っ走ろうとする防衛局の本音を、白日の下にさらした審査会だった。

とはいえ、現在のアセス法では方法書の差し戻しはできないというのが沖縄県の見解だ。

知事意見は、方法書の不備を指摘するにとどまると予想されているが、こんな方法書がまかり通るなら、アセスそのものが無意味となる。法を否定するに等しい防衛局の姿勢を糾し、県民に明らかにできないような計画の白紙撤回を、県知事は要請して欲しいと思う。

（二〇〇七年一二月五日）

基地の液状化にあらがう

新基地埋め立てで沖縄島のすべての砂浜がなくなる？

二〇〇八年一月一一日に開催された普天間飛行場代替施設アセス方法書についての沖縄県環境影響評価審査会を傍聴した。昨年一二月に出された審査会答申は、方法書の飛行場施設部分に関するもの（県のアセス条例に基づいて審査）だったが、今回は埋め立て部分に関しての審査（国のアセス法に基づく）だ。審査会答申を受けて、仲井眞県知事は一月二一日に知事意見を出すことになっている。

席上行われた沖縄防衛局（事業者）の説明は、日米で合意した「二〇一四年までの施設完成」を至上目的とし、地元住民の暮らしや自然環境への配慮など微塵も感じられず、私は資料を棒読みしているに過ぎない職員をぶん殴りたい衝動すら覚えた。

防衛局が「大量・急速な施工が必要となる」と繰り返し、ひたすら工事を急ぐ姿勢を示したことに、審査会委員たちから批判が相次いだ。ある委員はたまりかねたように、「ここは、どれだけ工期短縮するかを話し合う場ではなく、環境への影響を審査する場です」と言った。

　大浦湾のユビエダハマサンゴの群落やクマノミのコロニー、大浦川や辺野古川の河口生態系を全滅させる作業ヤードの埋め立て、辺野古ダム周辺の水源涵養林からの土砂採取など、どれをとっても恐ろしい内容だが、なかでも傍聴席を含む会場を騒然とさせたのは、代替施設の埋め立て工事に必要な二一〇〇万立方メートルの土砂のうち一七〇〇万立方メートルを、沖縄島周辺の海砂の購入でまかなうと防衛局が想定していることだった。ダンプカーで約三四〇万台分に当るという海砂は、「単純計算しても一七〇キロメートルの海岸線にわたって沖合一〇〇メートルまで一メートルの深さで砂がなくなる」「沖縄島の砂浜は全部なくなってしまう」と、傍聴席から声が上がる。審査会委員からも大量の海砂採取による環境破壊への懸念が繰り返し出された。

　それを聞きながら、私の脳裏にある光景が甦った。私の近隣の嘉陽部落が昨年の台風四号で受けた甚大な被害の様子だ。集落の中まで波と土砂が襲い、行政が救援の手をさしのべたものの復旧するまでに二週間以上かかった。どんなに大きな台風が来ても、こんな被害は過去になかったという。近年まで集落前のリーフ外で行われていた海砂採取の影響ではないかと、部落の人々は強く疑っている。数年にわたって続けられた海砂採取によって集落前の浜は大きく削り取られ、ウミガメの産卵場所が失われたばかりか、海岸に近い海底の海草藻場（ジュゴンの餌場）も攪乱・破壊され、減少してしまった。

防衛局は審査会の中で「適法に採取した海砂を購入するので問題はない」と言ったが、適法な採取であっても、このようにすでに大きな被害が出ているのだ。地元紙によれば、一七〇〇万立方メートルの海砂は、二〇〇六年度一年間に県内で採取された海砂の、なんと一二年分以上に当るという。他府県では採取の総量規制があるが沖縄県にはないとの指摘に、背筋が寒くなった。

沖縄の島は陸地部分だけでなく、島を囲む海、リーフからイノーを含む全体がひとつの島嶼生態系をなしている。それを破壊することは島全体を、そしてそれに依拠した人間の暮らしを破壊することだ。防衛局の計画は、建設予定地域のみならず沖縄島そのものを滅ぼす危険性を持った恐るべき計画であることが、ますます明白になった。

（二〇〇八年一月一四日）

還暦に「ジュゴン訴訟勝利」のプレゼント

私は昨日（一月二六日）、満六〇歳の誕生日を迎えた。昼間は仕事をして、夕方から会議に出て、その会合の仲間たちがバースデーケーキに六本（!?）のロウソクを立ててお祝いしてくれた以外は、いつもと変わらない、ごく普通の一日だったけれど、私の心の中は普通ではなかった。うまく表現できないが、いつもの誕生日とも違う特別な気分で一日中を過ごした。還暦の気分ってのがあるのかしら…?

五〇代最後の一年間は最悪の年だった。生まれて初めて救急車のお世話になり、昨年の誕生日は寝床の中だった。ようやく動けるようになった頃、今度は恋人が入院し、どんどん病状が悪くなって、意思疎通もできないまま逝ってしまった。あれから半年。涙の海から這い上がるには、それなりの時間と努力と、周りの人たちの援助が必要だった（ほんとうにありがとう!）。

悲しみと喪失感から立ち直ったとはまだ言い難いけれど、残りの人生を前向きに生きていこうと思えるようになった。生まれ年は厄年でもあると誰かが言っていたが、私の厄は彼が全部持っていってくれたような気がする。今日から生まれ変わって新しい歩みを始めるのだと、私は一日中、そんなふうに考えていた。

生きていることそのものへのいとおしさ。それはたぶん、彼が遺していってくれたものだ。それをしっかり抱きしめながら、次の世代に命を、大切なものをつなぐために、私にできることを精一杯、でも無理はしないでやっていこうと思う。

その前日にもたらされた朗報は、私にとって、一日早く届いた、この上ない誕生日プレゼントだった（と、勝手に思っている）。米国カリフォルニア北部連邦裁判所（マリリン・ホール・パテロ裁判長）が一月二四日（現地時間）、「沖縄ジュゴン訴訟」で原告勝訴の判決を言い渡したのだ。

判決は、辺野古・大浦湾沿岸での米軍基地建設が米国の国家歴史保存法（NHPA）に違反していると断じ、国防総省に対して、基地建設がジュゴンに与える影響を評価するのに必要な情報、影響を回避・軽減するのに必要な情報を示した文書を九〇日以内に提出するよう命じた。さらに、日本政府が行っている環境アセスメントが、国家歴史保存法における被告（国防総省）の義務を果たすのに充分であるかどうかを説明することも要求している。米国内法を海外駐留米軍に初めて適用した画期的な判決だ。原告はもちろん、弁護士をはじめ日米双方の多くの人々の努力が実を結んだものであり、自然保護や平和を願う人々はこの一両日、喜びに沸いている。

この判決で直接、日本政府が行う基地建設を止められるわけではない。米国の裁判所は自国政府に命令を下すことはできるが、外国である日本政府に命令はできない。日本政府が、外国の裁判だから関係ないと言って強引に進める可能性は充分ある。

しかし連邦裁判所は、国防総省が提出する報告に原告が反論する機会も与えており、審理を継続する構えだ。その中で、ジュゴン保護への何らかの対策を米国政府が出さざるをえなくなれば、「米国がくしゃみすれば風邪をひく」日本政府も知らん顔はできなくなるだろう。国際世論の高まりも期待できる。原告側弁護士のサラ・バートさんは、沖縄タイムス社のインタビューに「環境保全は国内外を問わずに責任が問われる。日米両政府でどのような対応ができるのかを明らかにしていくべきだろう」と述べている（一月二七日付）。

この判決を私たちがどう生かせるかは今後の課題だが、なかなか面白くなってきたのは確かだ。

（二〇〇八年一月二七日）

またしても少女が被害に…

二月一一日、在沖米海兵隊キャンプ・コートニー所属の三八歳の軍曹が、中学生の少女への強姦容疑で逮捕されたというニュースが、沖縄全島を駆けめぐった。ショックだった。私と同じように、多くの人々が一二年余り前（九五年）の、あのときに引き戻されたような気がしたのではないだろうか。

結局、何も変わらなかったのだという悔いと、被害者の少女への申し訳なさが私の胸を噛んだ。九五年秋、今回と同じ海兵隊の若い兵士三人による小学生の少女への強姦事件は全島を怒りで燃え上がらせ、基地の整理縮小・撤去を求める一〇万人の県民大会を現出させた。あのとき私たちは、二度とこんなことは起こさせまいと、固く心に誓ったはずだった。

決して手をこまねいていたわけではないが、にもかかわらず、その後も事件・事故は起こり続けてきた。基地は撤去されるどころか、ますます強化されつつある。そして、またしても少女が被害に遭ってしまったのだ。いったいこの一二年は何だったのか……。

少女の痛みに自らを重ね合わせる女性たちが真っ先に抗議の声を上げ、米軍司令部前で怒りの市民集会が開かれ、事件の現場となった沖縄市や北谷町を筆頭に、県内各市町村議会、そして県議会がこぞって抗議決議をあげる。それは当然の、そして必要なことだが、その既視観がやりきれない。

県知事が抗議し、日本や米国の政府が「遺憾」の意を表す。「再発防止」「綱紀粛正」「教育の徹底」……繰り返される言葉が空しく響く。この島から基地と軍隊がなくならない限り「再発防止」は不可能なことをみんな知っているからだ。

とりわけ今回の容疑者のように基地外の民間地に住む軍人は、その数さえ把握されていないという。いつ出動命令が出るかわからないので、住民登録などはしていない。これまでにも、軍人の息子が自宅の窓から撃ったエアガンで負傷者が出るなどの事件が起こってきた。殺人の訓練を受け、銃を持った軍人が隣り合わせに暮らしていることの恐怖を、改めて突きつけられた思いだ。「私たちの生活に土足で踏み込んでいるのよ」と、友人が声を震わせて言った。

進行中の在沖米軍再編がこの事件で滞ることを恐れて、一二年前とはうって変わっていち早く「謝罪」した米国。対する仲井眞県知事は「普天間移設には直接の影響はない」と発言して日米両政府を「安堵」させた。

一二日の産経新聞は、客員編集委員・花岡信昭名で、被害少女の「無防備」さと親の「しつけ」の不徹底を責める文を掲載した。「事件は事件、安保は安保、と冷静に切り離し」てこそジャーナリズムだと、「一部メディアのヒステリックな伝え方」「住民自決は軍命令と信じて疑わない体質と共通する情緒的反応」を非難している。

このような構造が沖縄に基地を固定化させ、少女たちを襲ったのだ。それを変えない限り、私たちは今回の被害者にも一二年前の被害者にも申し訳が立たない。一二年前の少女は今、二〇代半ばになっているはずだ。彼女はどんな思いで今回の事件を見ているだろう……。県民大会を開催しようという声が上がり、超党派の動きが出始めているが、被害者の痛みと思いに寄り添い、今度こそ、根本的な解決に一歩でも近づくものでなければならないと、強く思う。

（二〇〇八年二月一七日）

「すべての在沖海兵隊の撤退を」緊急女性集会

沖縄島中部で二月一〇日に発生した米兵による女子中学生暴行事件から一週間余を経た一九日、事件の現場となった北谷町で「危険な隣人はいらない！」緊急女性集会が行われ、野国昌春北谷町長など男性参加者も混じる三二〇人が、事件の根本原因である基地撤去を求める声を上げた。

呼びかけ三〇団体を代表して発言した沖縄市婦人連合会の比嘉洋子さんは「ここはどこの国ですか？」と問いかけ、戦後六三年経っても基地ある限り平和は訪れないと訴えた。

基地・軍隊を許さない行動する女たちの会の高里鈴代さんは、戦後から今日まで連綿と続く米兵による性暴力事件を報告しつつ、「なぜこれほど起こり続けているのか」と問うた。圧倒的な数の軍隊、中でも圧倒的な比率で海兵隊が駐留していること、日米地位協定で米軍に特権的地位が与えられ、県知事さえも基地・軍隊の実態把握はできないこと、米軍の「よき隣人」政策の欺瞞などを指摘し、今回の加害者が民間地に住む三八歳の海兵隊二等軍曹であることに示されるように、基地内から基地外へと軍隊の「液状化」が進み、住居を含め軍人の行動の自由が広がっている現実に警鐘を鳴らした。

また一方、〇一年に県議会で「海兵隊の撤退」を決議したものの、沖縄の怒りをなだめるようにハコモノや経済援助が行われる中でなし崩しになっていったこと、いつの間にかそれに馴染んでいる私たち自身が今回の事件を許してしまったのではないか、と反省を促した。

被害者や親に対するバッシングが激化していることに対し、ある現職教師は「場所や時間によって蹂躙《じゅうりん》されてよい人権はない。子どもは守られるべき存在だ」と断言した。

一分間スピーチに列を作った女性たちが自らの思いを語ったあと、「被害を受けた少女への精神的ケアと謝罪・補償、すべての在沖海兵隊の撤退、県民大会の開催」などを求めるアピールを採択した。

（『週刊金曜日』二〇〇八年二月二八日号　金曜アンテナ）

市民としてできること

審査会と市民の信頼関係が崩壊

沖縄県は県土と県民の暮らしを守ることを放棄したのか！

二〇〇八年二月二八日、県総合福祉センターで行われた米軍普天間飛行場代替施設（辺野古・大浦湾沿岸新基地）建設に関する沖縄県環境影響評価審査会の協議を傍聴しての、それが率直な感想だった。

沖縄防衛局が出した環境影響評価（アセス）方法書をめぐって、審査会はこれまで熱い議論を重ねてきた。

日米政府で合意した「二〇一四年までの代替施設完成」を至上目標に、ひたすら建設を急ごうとする防衛局と、津嘉山正光・審査会会長が「審査不可能」と言明した「欠陥方法書」に苦悩しつつも法及び学者としての良心に従って審査を行おうとする審査会の攻防が続き、

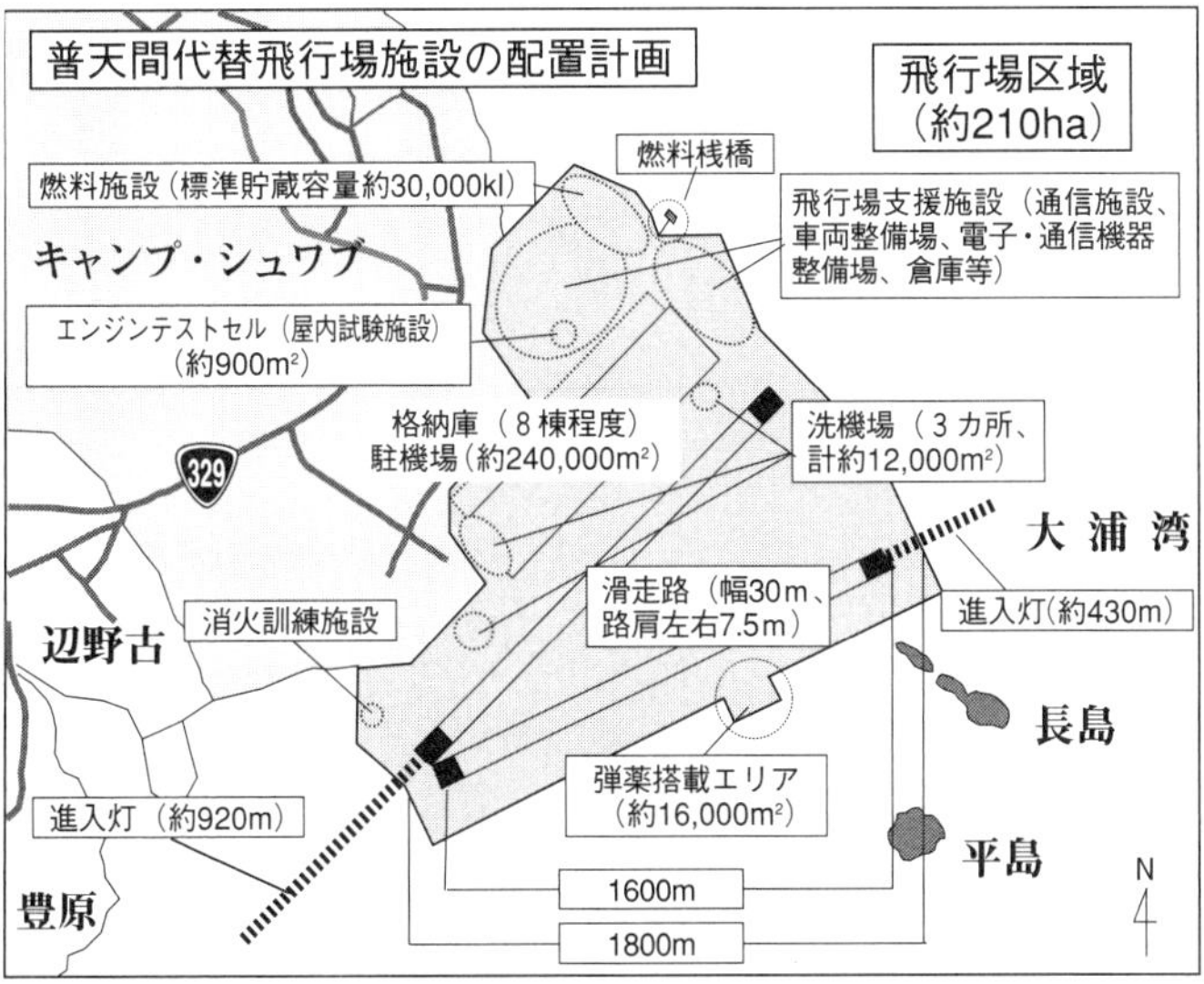

毎回多くの県民が傍聴席を埋めた。傍聴席からの発言、市民団体・個人からの意見や要請もきちんと取り上げ、それらも含めて審議を進める審査会のあり方は、アセス法の精神である市民参加を体現するものであり、方法書の再提出と事前調査の中止を求める審査会答申は、審査会と市民との積極的な共同作業の成果とも言えるものだった（実際に出された知事意見は、早期移設の立場に立つ知事の姿勢のため、審査会答申よりトーンダウンしたが）。

一月一一日の審査会で、防衛局は一五〇頁にものぼる事業内容の追加資料を出してきた。米国におけるジュゴン訴訟（〇七年九月結審、〇八年一月原告勝訴）の過程で被告の米国側から出された裁判資料や米高官の発言などで、日本政府がひた隠しにしてきた新基地の実相が次々に明らかになったため、今さら隠すわけにもいかなくなったのだろう。これに、審査会委員からの指摘を受けて修正した部分を含めた「追加・修正資料」についての協議が二月八日に開始され、今回はその二回目だった。

沖縄ジュゴン環境アセスメント監視団などの自然保護市民団体は、膨大な追加・修正は単なる資料ではなく、アセス法第二八条（沖縄県条例では第二五条）の「事業内容の修正の場合」に当るので「追加・修正方法書」として公告縦覧からやり直し、市民の意見も反映させるべきだと、八日の審査会で提言。今回は、それが協議の焦点の一つになると期待していた。

用意された椅子が足りず、立ち見も出た傍聴席の人々が聞き入る中で審査会は始まったが、しかしそれは期待を大きく裏切るものだった。

審査会の事務局を務める沖縄県環境政策課は、現行法では方法書のやり直しはできないとのっけから断言し、市民らの提言を切り捨てようとした。

アセス法第二八条は「方法書に示された事業内容に軽微ならざる変更があった場合には方法書手続きに戻らなければならない」と規定し、その施行令第九条は「軽微な変更」とは滑走路長の増加が三〇〇メートル以下、埋立面積の増加が二〇％未満の場合、但し「環境影響が相当な程度を超えて増加するおそれがあると認めるべき特別な事情のあるものを除く」としている。

この「特別な事情」をめぐって県環境政策課と市民側の見解は真っ向から対立した。県は「滑走路延長や埋立増加部分の中に特別の事情がある場合」のみが「特別な事情」であり、今回は埋立面積の増加や滑走路の延長はないのだから「特別な事情」には当らないと、事業者（防衛局）と同じ主張を繰り返した。

一方、市民側を代表する見解として、アセスの専門家である桜井国俊沖縄大学学長は審査会宛に出した「追加・修正資料」についての意見書の中で、追加・修正された事業内容として、ジェット機（飛行機の種類）の追加、集落上空の飛行（修正）、二基の誘導灯の追加、三カ所の洗機場の追加、膨大な量の海砂の採取（埋立土砂）を県内外で行うこと、をあげ、これほどの変更は「特別な事情」に当ると述べている。

この争点について審査会で協議・検討して欲しいと市民らは要望したが、「審査会は法律論議をする場ではない」と審査会事務局（県）に拒否され、審査会の大勢もそれに従った。納得できない傍聴席から幾人もの人が発言を求めたが「議事妨害」だと制止され、会場は一時騒然となった。これまで築いてきた審査会（事務局も含む）と市民との信頼関係は崩壊してしまった。

たまりかねた私は、席を立とうとする事務局を制し、「お願い、聞いてください」と手を挙げた。「審査会が法律論議をする場でないのなら、それを論議する場を県の責任で設けてください。市民やアセスの専門家と県の見解が違う点に絞って議論し、そこに審査会委員の方々も任意参加してもらえばいいと思います」と提案した。傍聴席から賛同の拍手が起り、県側は「検討します」と答えた。

行政用語の「検討します」は「やりません」の意味だ。それを知りつつも、「やらせる」よう強く働きかけようと、傍聴の市民たちは審査会終了後のミニ集会で確認した。

審査会の協議は今回で打ち切られた。協議を経て知事意見は、ジュゴンや海草藻類、動植物などについて複数年の調査を求めたが、建設を急ぐ事業者がこれに応じるとは思えず、無視しても何の罰則もない。移設推進の知事の下では、県の環境部局も環境を守ることはできないようだ。

（二〇〇八年三月二一日）

「米軍に乗っ取られる！」

「ここはどこ？」

一瞬、わが眼を疑った。見渡す限り欧米風の高級マンションや一戸建て住宅が続く。各戸の前にはYナンバー車（米軍専用車両）が駐車し、大型犬を連れた白人夫婦が散歩している。アメリカ映画の世界に迷い込んだような錯覚にとらわれた。

まるでアメリカ映画の世界。北谷町砂辺区の米軍住宅地帯

沖縄島中部・北谷町砂辺《すなべ》区。区に隣接する極東最大の米空軍・嘉手納基地を離発着する戦闘機や輸送機の爆音に日々さらされる地域だ。集落内を歩くと、至る所に木や草花の植えられた小公園のようなものが目につく。一見、のどかで緑豊かな集落だが、耳をつんざく軍用機の轟音が現実に引き戻す。小公園と見まがったのは、爆音被害に耐えきれず区外に移住した人々が引っ越した跡地を那覇防衛施設局（現・沖縄防衛局）が買い取り、植栽を施したものだ。その数、二〇〇世帯を超すという。

そんな砂辺区に追い打ちをかけるように、さらなる脅威が襲いかかっている。集落に隣接する海岸沿いの埋立地に、米軍住宅が爆発的なスピードで「増殖」しているのだ。三月二〇日、砂辺区民が「基地外基地」と呼ぶこの一角を、照屋正治・北谷町議に案内していただいた。冒頭の光景は、そのときのものだ。

去る二月に発生した女子中学生への性暴力事件の容疑者は基地外に住む米兵だった。事件への抗議集会で、砂辺区自治会の松田正二会長が「砂辺が米軍に乗っ取られる！」と悲鳴のように訴えていたのはこれだったのだと合点がいった。

砂辺の浜に面して建築中の８階建てマンション

松田さんが初めて自治会長になった八年ほど前からぼつぼつ米軍人用賃貸住宅が建ち始め、気がついたら砂辺区だけで六〇〇世帯近くにもなっていた。彼らのマンションに遮られて、集落からは海も見えない。

土地も建物も、本土や那覇の業者のもので、賃貸を斡旋する不動産業者も同様。一戸当りの家賃は二五～三〇万円だが、家族持ちの米軍人には二五万円の住宅手当が支給されるので、それを引いた額だけが自己負担だという。家賃が入るのは当然にも業者の懐だから、地元には一銭も落ちない。それどころか、住民税を払わない米軍人・軍属およびその家族（彼らは住民登録していない）のために、ゴミ収集などの費用は町が負担しなければならないのだ。埋立地にある町立の公園も、休日にはアメリカ人親子に占領されてしまう。

埋め立てを免れた砂辺の浜に案内された。沖縄民謡にも歌われる美しい浜だ。真っ白い砂が眼にまぶしい。この浜の真ん前に高層マンション二棟が建築中だった。なんとこれも、米軍人用の賃貸マンションだという。二棟合わせた世帯数は一二五。既設のものを含めると七〇〇世帯以上になる。

後日、砂辺区の戸数を確かめたくて、松田会長に電話した。「現在の世帯数は九五〇余。米軍住宅がこのまま増え続けると、区の世帯数を超えるのは時間の問題です」「建築中のマンションが完成すると、砂辺の浜は彼らのプライベートビーチになってしまうのではないか」と彼は危機感をあらわにした。実際、既設の米軍住宅一帯の海岸は、水着姿のアメリカ人男女にほとんど占拠されており、護岸の向こうの海で波乗りを楽しんでいるのもアメリカ人だ。砂辺で生まれ育った松田さんは、埋め立て前のこの海の豊かさを知っている。「子どもの頃は、よく網打ちに行ったものです。貝や魚がたくさん捕れる海だった。今はもう面影もないですね」

急激な人口増加は出勤時の大渋滞を引き起こしているという。公共交通機関が不備のため沖縄は車社会だ。「渋滞で一五分も二〇分も余計に時間がかかる。その損失ははかりきれないし、何より、彼らの時間や都合にこっちが合わせせられるのが許せない」と松田さんは憤る。

米軍人の増加は単なる数の増加にとどまらない。「夜になるとビーチパーティーでどんちゃん騒ぎしたり、全く違う彼らの文化に、地域の文化が呑み込まれてしまうのではないか」と彼は不安を募らせている。「日本の思いやり予算、つまり国民の血税で砂辺区民の首を絞めていることを全国民に知って欲しい」。

（二〇〇八年三月二一日）

【追記】五月に入って、、浜の前の新築マンションが県外に住む民間人（企業？）に九〇億円で転売されたという情報が入ってきた。米軍の一括借り上げの予定が頓挫したらしいとのことだが、詳細は不明。

大雨の中の県民大会

三月二三日に開かれた「米兵によるあらゆる事件・事故に抗議する県民大会」に、「ヘリ基地いらない二見以北10区の会」の幟を持って参加した。

被害少女の悲しみと苦しみに天も泣いているような大雨と強風の中、会場の北谷公園野球場前広場に続々と集まる人、人、人……。午後二時過ぎ、開会が宣言されると、色とりどりの傘の絨毯を敷き詰めたような会場に張りつめた空気が流れ、参加者たちは登壇者の訴えに聞き入った。

雨の中の県民大会（3月23日、北谷公園野球場前広場）

大会実行委員長を務めた玉寄哲永・沖縄県子ども会育成連絡協議会会長は、超党派の大会をめざして再三要請したにもかかわらず参加しなかった仲井眞県知事や自民党県連への怒りをあらわにしつつも、「沖縄の怒りを日米両政府にぶつけ、この大会を沖縄の人権回復の第一歩にしよう」と力強く呼びかけた。開催地の野国昌春北谷町長をはじめ一〇市町村長も参加。とりわけ、保守系の翁長雄志那覇市長の「沖縄の基地問題の解決なくして日本の自立はあり得ない」という毅然とした訴えは印象的だった。

女性、親、教育関係者、地域住民、戦争体験者、弁護士など、さまざまな立場からの発言が続き、最後に、米兵による性暴力の被害者であるジェーン（仮名）さ

十区の会、辺野古・命を守る会の参加者たち

んが登壇した。オーストラリア出身で来日三〇年になる彼女は二〇〇四年、神奈川県で米海軍横須賀基地所属の米兵に暴行され、以来、六年間闘ってきたという。日米政府や警察が助けてくれず孤立無援で闘ってきた苦しさ、体の傷は治っても心の傷は一生治らないこと、小学生の息子が「お母さんは何も悪くない。僕が守ってあげる」と言ってくれたこと、大人でもこんなにつらいのに今回の沖縄の少女はどんなにつらかったろう……。ジェーンさんの切々とした訴えに会場は静まりかえり、多くの人々の眼に涙があふれた。

わざわざ沖縄まで来て辛い体験を語ってくれたジェーンさんに万雷の拍手が鳴り響いたあと、米兵犯罪や基地被害に抗議し、日米地位協定の抜本改定、基地の整理縮小などを求める大会決議が採択され、これを日米両政府に届けるための要請行動が確認された。

発表された大会参加者数六〇〇〇〇人（加えて、宮古・八重山における同時集会の参加者が六〇〇人）をどう評価するかは見解が分かれるところだろう。お年寄りや小さな子ども連れなど、悪天候を避けて会場に隣接する野球場の建物の中もびっしりと人で埋まっており、実際にはもっと多かったのではないかと、多くの人々が異口同音に語っているが、そうであったとしても一三年前の県民大会と比較すれば数的にははるかに及ばない。

しかし、二つの集会を数で比較することは適切ではないという気もする。今回の集会は、県行政が動かなかったために市民団体主導とならざるをえなかったが、それが集会の質を高め、行政におんぶされるのでない市民・県民の主体性が発揮されたという意味では画期的と言える。

被害少女が告訴を取り下げたこと、「そっとしておいてほしい」という家族の言葉を不参加の言い訳にしている自民党や仲井眞知事には、そもそも県民大会をリードする資格も力もなかったのだ。彼女・彼らを支えきれず、告訴取り下げに追いつめてしまった責任を厳しく問うところからしか「再発防止」への道は始まらないのだから。

（二〇〇八年三月二六日）

米国法は市民の積極的参加を保証

四月二〇日、那覇市で、沖縄ジュゴン「自然の権利」訴訟シポジウム（環境法律家連盟ほか主催）が、同訴訟弁護団の一員である米国アース・ジャスティス所属のサラ・バート弁護士を迎えて開催された。

すでに報告したように、米国法廷で原告側が勝利した沖縄ジュゴン訴訟において、米軍普天間飛行場代替施設の建設に関し米国防総省（ＤＯＤ）は、ジュゴンの保護を義務づけた米国の国家歴史保存法（ＮＨＰＡ）に違反していると断罪され、判決後九〇日以内に、同施設がジュゴンに及ぼす影響、およびそれを回避・低減する方法についての情報を裁判所に文書提出するよう命じられた。今回のシンポは、その提出期限である四月二四日を前に、原告勝訴の意味を広く市民に伝え、原告・弁護団とそれを支える市民が今後どう訴訟に関わっていけるか、ジュゴン保護政策に国際基準を持ち込ませるためにはどんな行動が必要か、などを議論するために開かれたもの。

訴訟の意義と今後の展望について報告したバート弁護士（姓ではなく「サラさん」と親しみを込めて呼びたくなるチャーミングな若手女性弁護士。そう言えば、原告勝訴判決を下したマリリン・ホール・パテロ判事も女性だ）は、「判事は原告団に、ＤＯＤの提出する文書に四五日以内に対応するチャンスを与えた。ＤＯＤは、日本政府だけでなく地元・沖縄からも情報を集める義務があり、集めた情報を法廷だけでなく地元に対しても提供しなければならない。そのうえで彼らは、新基地建設がジュゴンへの影響を避けて実現可能なものであるかどうかを決定しなければならない。それらに対して我々は意見を述べることができる。DODがNHPAの責務を果たすためには日本政府の環境アセス法では不十分だということ、ジュゴンが私たちにとって重要な文化財であることを、我々は法廷で説明できる」と語った。

「しかし、NHPAにも弱点がある」と彼女は指摘した。NHPAは、充分な情報の開示と協議など「正しい手続き」を求めるものであり、「正しい結果」を求めるものではない。そのため「基地建設を直接ストップさせることはできないが、しかし強力なツールにはなりうる。DODは強制的に地元の声を聞かなければならないので、私たちの考えを彼らの評価の中に組み入れさせることができるし、私たちはDODの貴重な情報を手に入れることができる」と強調した。

そのあと、アセス法の専門家である桜井国俊・沖縄大学学長が、「辺野古アセスはアセスではない！」と題して報告。もともと事業者側がやる「アワセメント」と揶揄《やゆ》される法の手続きさえ無視した方法書の大幅修正、海上自衛隊まで動員して強行した事前調査など、多くの問題点を指摘した。現在、日本政府が行っている普天間代替施設建設に向けたアセスを、島津康男・元アセス学会会長は「史上最悪のアセス」と酷評している。アセス学会には、こんなものがまかり通るなら日本のアセス法体系自体が崩壊するとの危機感が漲《みなぎ》っているという。このような日本のアセスの詳細が法廷で明らかになれば、それがジュゴンの保護を義務づけたＮＨＰＡに合致するか否かは一目瞭然だろう。

ＤＯＤに対する原告側反論の提出期限は六月九日。弁護団は、一月の判決を受けて日本政府が方法書の修正版を出さざるを得なかったなど、この訴訟が日本政府にとって大きなプレッシャーになっていることを評価しつつ、今後、ジュゴンへの悪影響に関する協議を、その協議対象を含め実質的なものにしていくこと、日本のアセスのでたらめさ、不当性を裁判で明らかにすること、地元での公聴会開催を含め、徹底した情報公開を追及していくと語った。

バート弁護士によれば、米国地方裁判所の通例から判断すると、原告側の文書提出から約二ヶ月後の八～九月頃、裁判所が次の決定を下す見通し。この訴訟はＮＨＰＡが国外に適用された初めての例であり、ＤＯＤが直接沖縄に来て公聴会を開くことになれば画期的だ。弁護団は、裁判所がそれを決定する可能性は大きいと見ている。

ＮＨＰＡは、もともと米国先住民の文化や歴史財産を守るために作られた法律で、その後、世界遺産条約の締結に伴い、この条約を実現していくための国内法という性格が加わった。そのため市民が積極的に意見を言っていくことを保証・奨励している。このユニークな米国法を使って、私たち沖縄地元の市民が、ジュゴンの生態や人との係わり、歴史的・文化的価値など、ジュゴンに関するさまざまな情報を集め、今後の訴訟やジュゴン保護に主体的に関わっていけるチャンスが与えられたとも言える。

ＤＯＤは二四日（現地時間）、裁判所に文書を提出したが、『沖縄タイムス』報道によれば、その中身は日本政府のアセス方法書の抜粋にすぎず、具体策は何も示さなかった。前出の桜井氏は「米国は基地建設とジュゴン保護に責任があると裁判で認定されたにもかかわらず、当事者意識がなく、あまりにもずさんだ」と批判している。このようなＤＯＤの姿勢が、訴訟において彼らを有利にするとは思えない。原告側のきちんとした反論が私たちの次の勝訴を導くだろう。

（二〇〇八年四月二七日）

あとがきにかえて

私が沖縄に暮らし始めて一八年、新たな基地建設のターゲットとされた名護市東海岸に移り住んで一〇年が過ぎた。否応なくぶつからざるをえなかった基地問題と、それに反対する運動は、私にとって避けて通れないものだった。それは単に外在的な政治問題ではなく、自分自身を含む現在と未来の命に関わる問題であり、私自身がどう生きるかという問題でもあったからだ。

そんな基地反対運動を軸にして、『インパクション』誌に一九九五年から今日まで（途中、短期間の中断はあったが）書き継いできた連載を本にするのは、これで三冊目になる。それらは、私が中部に住んでいた初めの二〜三年を除いて、沖縄島北部（やんばる）の片隅の過疎のシマから見た定点観測の風景と言ってもいいだろう。

この一〇年余の間に、その風景はずいぶん変わった。肉眼で見える風景も、見えない風景も、そして、それらを映し出す私の心象風景も。私が一〇歳年取ったことも含めて、その変化は、三冊それぞれの特徴となっていると思う（本書中、出典を明記してあるもの以外はすべて

『インパクション』に掲載されたものである)。

本書の冒頭(それは時系列でそうなっているだけなのだが)に二〇〇六年の名護市長選挙の私的回顧を収録するにはいささかのためらいがあった。運動内部の矛盾を表に出すのは利敵行為であり、やるべきでないという意見もある。しかし私が連載の中で敢えて書いたのは、二度と同じ轍を踏みたくなかったからだし、それは今も変わらない。

人間はもともと矛盾に満ちたものだ。人間のやることが間違うのは当たり前だと思う。大切なのはその間違いを認め、なぜ間違ったのかを検証することだ。間違うのは確かに恥ずかしいが、同じ間違いを繰り返すのはもっと恥ずかしい。

そんなバカげたことに無駄なエネルギーと時間を費やしたくないし、費やして欲しくないから、私は私自身の迷いや悩みに満ちた悪戦苦闘をさらけ出すことにした(次の名護市長選まであと一年半もないのだから)。

公人や公党以外はプライバシーに留意したつもりだが、あるいは不快を感じる方がいらっしゃるかもしれない。その責めは負う覚悟だ。

風景はどう変わったのか。残念ながらよくなったとは言い難い。覆い被さってくる絶望という雲を払いのけ、払いのけつつ、風景の中になんとか希望を見ようとしてきた、というのが実感だ。人間は希望がなければ生きられない。どんな絶望的状況の中にも希望を見つけようとするのが人間だとも言える。

眼を凝らせば、希望の種はあちこちに見つかる。六月の沖縄県議選で与野党が逆転したこと（新基地建設反対決議が期待されている）。基地や自然破壊など様々な問題に対して若者たちが、音楽などの表現活動と結びついた新しい動きを作り出しつつあること。……

わが二見以北10区では、東恩納琢磨さんが晴れて名護市議会議員となった（一一四頁参照）。この一〇年余、いくら声をあげても無視され、足蹴にされてきた住民にとって、自分たちの声を市政に届けてくれる議員を持てたことは大きな希望だ。閉塞状況の中にやっと風穴が開いたように、みんなの顔が心なしか明るくなった。

絶望も希望も、そのままに受け止められるようになった自分がいる。それが年を取るということなら、それも悪くないか、と思う。喜び、悲しみ、悩み、苦しみ、泣き、笑う。そのことは変わらないけれど、そんな自分を見ているもう一人の自分がいることに気付く。

五〇代後半になって、私は思いもかけない熱烈な恋をした。ちょうど一年前、彼は病気で死んだ。それは私を奈落の底に突き落とした。そして、そこからようやく這いあがったとき、私はもう一人の自分とともにいたのだ。

この本を、いつも私を見守ってくれている亡き恋人に捧げます。

長いおつきあいの中で、いつも私の無理を聞いてくださっているインパクト出版会の深田卓さんには、今回もたいへんお世話になりました。表紙写真を提供してくださったチーム・ザン（私も参加しているジュゴンの食み跡調査チーム）の仲間たち、本文中の写真を提供してくださった兼城淳子さん、東恩納琢磨さんにお礼を申し上げます。

大いなる島の海と山、ともに生きるすべての命への感謝を込めて――。

（二〇〇八年七月一一日）

浦島悦子

浦島　悦子（うらしま　えつこ）
1948年　鹿児島県川内市に生まれる。
1991年「闇のかなたへ」で新沖縄文学賞佳作受賞
1998年「羽地大川は死んだ」で週刊金曜日ルポルタージュ大賞報告文学賞受賞
現住所　905-2264　沖縄県名護市三原193-1
◆著書
『奄美だより』（現代書館、1984年）
『豊かな島に基地はいらない――沖縄・やんばるからあなたへ』インパクト出版会、2002年
『やんばるに暮らす――オバァ・オジィの生活史』ふきのとう書房、2002年
『辺野古　海のたたかい』インパクト出版会、2005年（第12回平和・協同ジャーナリスト基金奨励賞受賞）
◆共著
『シマが揺れる　沖縄・海辺のムラの物語』（写真・石川真生、高文研、2006年）

島の未来へ
沖縄・名護からのたより

2008年8月25日　第1刷発行
著　者　浦　島　悦　子
発行人　深　田　　卓
装幀者　藤　原　邦　久
発　行　㈱インパクト出版会
〒113-0033　東京都文京区本郷2-5-11　服部ビル2F
Tel 03-3818-7576　Fax 03-3818-8676
E-mail：impact@jca.apc.org
http:www.jca.apc.org/~impact/
郵便振替　00110-9-83148

印刷・製本　シナノ